Pi

Bibliografische Information der Deutschen Nationalbibliothek
Die Deutsche Nationalbibliothek verzeichnet diese
Publikation in der Deutschen Nationalbibliografie;
detaillierte bibliografische Daten sind im Internet über
www.dnb.de abrufbar.

© 2017 Manuel Schulz

Herstellung und Verlag:
BoD – Books on Demand, Norderstedt

ISBN: 9783743111417

Vorwort

Es tut mir leid! Dies ist jetzt die vierte Auflage dieses Buches – die dritte unter dieser ISBN – weil entweder beim Kopiervorgang oder während der Formatierung etwas verloren ging. Erste Nachkommastelle, 35000 Zeichen und eine ganze Zeile.

Und obwohl es intern erst ein Lacher, dann ein Running Gag war, so war es für einige Leser doch ärgerlich ein fehlerhaftes Produkt zu erhalten. Wenn auch als Spaßartikel gedacht, kann ich den Missmut verstehen und bitte vielmals um Entschuldigung.

Mir wurde nahe gelegt LaTeX und externe Quellen zu nutzen, um nicht wieder einem Flüchtigkeitsfehler zum Opfer zu fallen. Nicht mit LaTeX aber dennoch automatisiert ist nun diese Ausgabe entstanden. In der Hoffnung, dass diesmal das drin ist, was draußen drauf steht.

Ich möchte mich aber auch bedanken. Und zwar bei Gerald Steffens für das Kopieren meines Buches als Zeichen der Bewunderung. Der Inhalt ist bekanntlich derselbe, nur eben mit einer Million Nachkommastellen. Aber das Cover, mit schwarzem Pi auf weißem Grund, und genau der gleichen Schriftart.

Also: Danke.

3,

1415926535 8979323846 2643383279 5028841971 6939937510
5820974944 5923078164 0628620899 8628034825 3421170679
8214808651 3282306647 0938446095 5058223172 5359408128
4811174502 8410270193 8521105559 6446229489 5493038196
4428810975 6659334461 2847564823 3786783165 2712019091

4564856692 3460348610 4543266482 1339360726 0249141273
7245870066 0631558817 4881520920 9628292540 9171536436
7892590360 0113305305 4882046652 1384146951 9415116094
3305727036 5759591953 0921861173 8193261179 3105118548
0744623799 6274956735 1885752724 8912279381 8301194912

9833673362 4406566430 8602139494 6395224737 1907021798
6094370277 0539217176 2931767523 8467481846 7669405132
0005681271 4526356082 7785771342 7577896091 7363717872
1468440901 2249534301 4654958537 1050792279 6892589235
4201995611 2129021960 8640344181 5981362977 4771309960

5187072113 4999999837 2978049951 0597317328 1609631859
5024459455 3469083026 4252230825 3344685035 2619311881
7101000313 7838752886 5875332083 8142061717 7669147303
5982534904 2875546873 1159562863 8823537875 9375195778
1857780532 1712268066 1300192787 6611195909 2164201989

3809525720 1065485863 2788659361 5338182796 8230301952
0353018529 6899577362 2599413891 2497217752 8347913151
5574857242 4541506959 5082953311 6861727855 8890750983
8175463746 4939319255 0604009277 0167113900 9848824012
8583616035 6370766010 4710181942 9555961989 4676783744

9448255379 7747268471 0404753464 6208046684 2590694912
9331367702 8989152104 7521620569 6602405803 8150193511
2533824300 3558764024 7496473263 9141992726 0426992279
6782354781 6360093417 2164121992 4586315030 2861829745
5570674983 8505494588 5869269956 9092721079 7509302955

3211653449 8720275596 0236480665 4991198818 3479775356
6369807426 5425278625 5181841757 4672890977 7727938000
8164706001 6145249192 1732172147 7235014144 1973568548
1613611573 5255213347 5741849468 4385233239 0739414333
4547762416 8625189835 6948556209 9219222184 2725502542

5688767179 0494601653 4668049886 2723279178 6085784383
8279679766 8145410095 3883786360 9506800642 2512520511
7392984896 0841284886 2694560424 1965285022 2106611863
0674427862 2039194945 0471237137 8696095636 4371917287
4677646575 7396241389 0865832645 9958133904 7802759009

9465764078 9512694683 9835259570 9825822620 5224894077
2671947826 8482601476 9909026401 3639443745 5305068203
4962524517 4939965143 1429809190 6592509372 2169646151
5709858387 4105978859 5977297549 8930161753 9284681382
6868386894 2774155991 8559252459 5395943104 9972524680

8459872736 4469584865 3836736222 6260991246 0805124388
4390451244 1365497627 8079771569 1435997700 1296160894
4169486855 5848406353 4220722258 2848864815 8456028506
0168427394 5226746767 8895252138 5225499546 6672782398
6456596116 3548862305 7745649803 5593634568 1743241125

1507606947 9451096596 0940252288 7971089314 5669136867
2287489405 6010150330 8617928680 9208747609 1782493858
9009714909 6759852613 6554978189 3129784821 6829989487
2265880485 7564014270 4775551323 7964145152 3746234364
5428584447 9526586782 1051141354 7357395231 1342716610

2135969536 2314429524 8493718711 0145765403 5902799344
0374200731 0578539062 1983874478 0847848968 3321445713
8687519435 0643021845 3191048481 0053706146 8067491927
8191197939 9520614196 6342875444 0643745123 7181921799
9839101591 9561814675 1426912397 4894090718 6494231961

5679452080 9514655022 5231603881 9301420937 6213785595
6638937787 0830390697 9207734672 2182562599 6615014215
0306803844 7734549202 6054146659 2520149744 2850732518
6660021324 3408819071 0486331734 6496514539 0579626856
1005508106 6587969981 6357473638 4052571459 1028970641

4011097120 6280439039 7595156771 5770042033 7869936007
2305587631 7635942187 3125147120 5329281918 2618612586
7321579198 4148488291 6447060957 5270695722 0917567116
7229109816 9091528017 3506712748 5832228718 3520935396
5725121083 5791513698 8209144421 0067510334 6711031412

6711136990 8658516398 3150197016 5151168517 1437657618
3515565088 4909989859 9823873455 2833163550 7647918535
8932261854 8963213293 3089857064 2046752590 7091548141
6549859461 6371802709 8199430992 4488957571 2828905923
2332609729 9712084433 5732654893 8239119325 9746366730

5836041428 1388303203 8249037589 8524374417 0291327656
1809377344 4030707469 2112019130 2033038019 7621101100
4492932151 6084244485 9637669838 9522868478 3123552658
2131449576 8572624334 4189303968 6426243410 7732269780
2807318915 4411010446 8232527162 0105265227 2111660396

6655730925 4711055785 3763466820 6531098965 2691862056
4769312570 5863566201 8558100729 3606598764 8611791045
3348850346 1136576867 5324944166 8039626579 7877185560
8455296541 2665408530 6143444318 5867697514 5661406800
7002378776 5913440171 2749470420 5622305389 9456131407

1127000407 8547332699 3908145466 4645880797 2708266830
6343285878 5698305235 8089330657 5740679545 7163775254
2021149557 6158140025 0126228594 1302164715 5097925923
0990796547 3761255176 5675135751 7829666454 7791745011
2996148903 0463994713 2962107340 4375189573 5961458901

9389713111 7904297828 5647503203 1986915140 2870808599
0480109412 1472213179 4764777262 2414254854 5403321571
8530614228 8137585043 0633217518 2979866223 7172159160
7716692547 4873898665 4949450114 6540628433 6639379003
9769265672 1463853067 3609657120 9180763832 7166416274

8888007869 2560290228 4721040317 2118608204 1900042296
6171196377 9213375751 1495950156 6049631862 9472654736
4252308177 0367515906 7350235072 8354056704 0386743513
6222247715 8915049530 9844489333 0963408780 7693259939
7805419341 4473774418 4263129860 8099888687 4132604721

5695162396 5864573021 6315981931 9516735381 2974167729
4786724229 2465436680 0980676928 2382806899 6400482435
4037014163 1496589794 0924323789 6907069779 4223625082
2168895738 3798623001 5937764716 5122893578 6015881617
5578297352 3344604281 5126272037 3431465319 7777416031

9906655418 7639792933 4419521541 3418994854 4473456738
3162499341 9131814809 2777710386 3877343177 2075456545
3220777092 1201905166 0962804909 2636019759 8828161332
3166636528 6193266863 3606273567 6303544776 2803504507
7723554710 5859548702 7908143562 4014517180 6246436267

9456127531 8134078330 3362542327 8394497538 2437205835
3114771199 2606381334 6776879695 9703098339 1307710987
0408591337 4641442822 7726346594 7047458784 7787201927
7152807317 6790770715 7213444730 6057007334 9243693113
8350493163 1284042512 1925651798 0694113528 0131470130

4781643788 5185290928 5452011658 3934196562 1349143415
9562586586 5570552690 4965209858 0338507224 2648293972
8584783163 0577775606 8887644624 8246857926 0395352773
4803048029 0058760758 2510474709 1643961362 6760449256
2742042083 2085661190 6254543372 1315359584 5068772460

2901618766 7952406163 4252257719 5429162991 9306455377
9914037340 4328752628 8896399587 9475729174 6426357455
2540790914 5135711136 9410911939 3251910760 2082520261
8798531887 7058429725 9167781314 9699009019 2116971737
2784768472 6860849003 3770242429 1651300500 5168323364

3503895170 2989392233 4517220138 1280696501 1784408745
1960121228 5993716231 3017114448 4640903890 6449544400
6198690754 8516026327 5052983491 8740786680 8818338510
2283345085 0486082503 9302133219 7155184306 3545500766
8282949304 1377655279 3975175461 3953984683 3936383047

4611996653 8581538420 5685338621 8672523340 2830871123
2827892125 0771262946 3229563989 8989358211 6745627010
2183564622 0134967151 8819097303 8119800497 3407239610
3685406643 1939509790 1906996395 5245300545 0580685501
9567302292 1913933918 5680344903 9820595510 0226353536

1920419947 4553859381 0234395544 9597783779 0237421617
2711172364 3435439478 2218185286 2408514006 6604433258
8856986705 4315470696 5747458550 3323233421 0730154594
0516553790 6866273337 9958511562 5784322988 2737231989
8757141595 7811196358 3300594087 3068121602 8764962867

4460477464 9159950549 7374256269 0104903778 1986835938
1465741268 0492564879 8556145372 3478673303 9046883834
3634655379 4986419270 5638729317 4872332083 7601123029
9113679386 2708943879 9362016295 1541337142 4892830722
0126901475 4668476535 7616477379 4675200490 7571555278

1965362132 3926406160 1363581559 0742202020 3187277605
2772190055 6148425551 8792530343 5139844253 2234157623
3610642506 3904975008 6562710953 5919465897 5141310348
2276930624 7435363256 9160781547 8181152843 6679570611
0861533150 4452127473 9245449454 2368288606 1340841486

3776700961 2071512491 4043027253 8607648236 3414334623
5189757664 5216413767 9690314950 1910857598 4423919862
9164219399 4907236234 6468441173 9403265918 4044378051
3338945257 4239950829 6591228508 5558215725 0310712570
1266830240 2929525220 1187267675 6220415420 5161841634

8475651699 9811614101 0029960783 8690929160 3028840026
9104140792 8862150784 2451670908 7000699282 1206604183
7180653556 7252532567 5328612910 4248776182 5829765157
9598470356 2226293486 0034158722 9805349896 5022629174
8788202734 2092222453 3985626476 6914905562 8425039127

5771028402 7998066365 8254889264 8802545661 0172967026
6407655904 2909945681 5065265305 3718294127 0336931378
5178609040 7086671149 6558343434 7693385781 7113864558
7367812301 4587687126 6034891390 9562009939 3610310291
6161528813 8437909904 2317473363 9480457593 1493140529

7634757481 1935670911 0137751721 0080315590 2485309066
9203767192 2033229094 3346768514 2214477379 3937517034
4366199104 0337511173 5471918550 4644902636 5512816228
8244625759 1633303910 7225383742 1821408835 0865739177
1509682887 4782656995 9957449066 1758344137 5223970968

3408005355 9849175417 3818839994 4697486762 6551658276
5848358845 3142775687 9002909517 0283529716 3445621296
4043523117 6006651012 4120065975 5851276178 5838292041
9748442360 8007193045 7618932349 2292796501 9875187212
7267507981 2554709589 0455635792 1221033346 6974992356

3025494780 2490114195 2123828153 0911407907 3860251522
7429958180 7247162591 6685451333 1239480494 7079119153
2673430282 4418604142 6363954800 0448002670 4962482017
9289647669 7583183271 3142517029 6923488962 7668440323
2609275249 6035799646 9256504936 8183609003 2380929345

9588970695 3653494060 3402166544 3755890045 6328822505
4525564056 4482465151 8754711962 1844396582 5337543885
8909411303 1509526179 3780029741 2076651479 3942590298
9695946995 5657612186 5619673378 6236256125 2163208628
6922210327 4889218654 3648022967 8070576561 5144632046

9279068212 0738837781 4233562823 6089632080 6822246801
2248261177 1858963814 0918390367 3672220888 3215137556
0037279839 4004152970 0287830766 7094447456 0134556417
2543709069 7939612257 1429894671 5435784687 8861444581
2314593571 9849225284 7160504922 1242470141 2147805734

5510500801 9086996033 0276347870 8108175450 1193071412
2339086639 3833952942 5786905076 4310063835 1983438934
1596131854 3475464955 6978103829 3097164651 4384070070
7360411237 3599843452 2516105070 2705623526 6012764848
3084076118 3013052793 2054274628 6540360367 4532865105

7065874882 2569815793 6789766974 2205750596 8344086973
5020141020 6723585020 0724522563 2651341055 9240190274
2162484391 4035998953 5394590944 0704691209 1409387001
2645600162 3742880210 9276457931 0657922955 2498872758
4610126483 6999892256 9596881592 0560010165 5256375678

```
5667227966 1988578279 4848855834 3975187445 4551296563
4434803966 4205579829 3680435220 2770984294 2325330225
7634180703 9476994159 7915945300 6975214829 3366555661
5678736400 5366656416 5473217043 9035213295 4352916941
4599041608 7532018683 7937023488 8689479151 0716378529

0234529244 0773659495 6305100742 1087142613 4974595615
1384987137 5704710178 7957310422 9690666702 1449863746
4595280824 3694457897 7233004876 4765241339 0759204340
1963403911 4732023380 7150952220 1068256342 7471646024
3354400515 2126693249 3419673977 0415956837 5355516673

0273900749 7297363549 6453328886 9844061196 4961627734
4951827369 5588220757 3551766515 8985519098 6665393549
4810688732 0685990754 0792342402 3009259007 0173196036
2254756478 9406475483 4664776041 1463233905 6513433068
4495397907 0903023460 4614709616 9688688501 4083470405

4607429586 9913829668 2468185710 3188790652 8703665083
2431974404 7718556789 3482308943 1068287027 2280973624
8093996270 6074726455 3992539944 2808113736 9433887294
0630792615 9599546262 4629707062 5948455690 3471197299
6409089418 0595343932 5123623550 8134949004 3642785271

3831591256 8989295196 4272875739 4691427253 4366941532
3610045373 0488198551 7065941217 3524625895 4873016760
0298865925 7866285612 4966552353 3829428785 4253404830
8330701653 7228563559 1525347844 5981831341 1290019992
0598135220 5117336585 6407826484 9427644113 7639386692

4803118364 4536985891 7544264739 9882284621 8449008777
6977631279 5722672655 5625962825 4276531830 0134070922
3343657791 6012809317 9401718598 5999338492 3549564005
7099558561 1349802524 9906698423 3017350358 0440811685
5265311709 9570899427 3287092584 8789443646 0050410892

2669178352 5870785951 2983441729 5351953788 5534573742
6085902908 1765155780 3905946408 7350612322 6112009373
1080485485 2635722825 7682034160 5048466277 5045003126
2008007998 0492548534 6941469775 1649327095 0493463938
2432227188 5159740547 0214828971 1177792376 1225788734

7718819682 5462981268 6858170507 4027255026 3329044976
2778944236 2167411918 6269439650 6715157795 8675648239
9391760426 0176338704 5499017614 3641204692 1823707648
8783419689 6861181558 1587360629 3860381017 1215855272
6683008238 3404656475 8804051380 8016336388 7421637140
```

```
6435495561  8689641122  8214075330  2655100424  1048967835
2858829024  3670904887  1181909094  9453314421  8287661810
3100735477  0549815968  0772009474  6961343609  2861484941
7850171807  7930681085  4690009445  8995279424  3981392135
0558642219  6483491512  6390128038  3200109773  8680662877

9239718014  6134324457  2640097374  2570073592  1003154150
8936793008  1699805365  2027600727  7496745840  0283624053
4603726341  6554259027  6018348403  0681138185  5105979705
6640075094  2608788573  5796037324  5141467867  0368809880
6097164258  4975951380  6930944940  1515422221  9432913021

7391253835  5915031003  3303251117  4915696917  4502714943
3151558854  0392216409  7229101129  0355218157  6282328318
2342548326  1119128009  2825256190  2052630163  9114772473
3148573910  7775874425  3876117465  7867116941  4776421441
1112635835  5387136101  1023267987  7564102468  2403226483

4641766369  8066378576  8134920453  0224081972  7856471983
9630878154  3221166912  2464159117  7673225326  4335686146
1865452226  8126887268  4459684424  1610785401  6768142080
8850280054  1436131462  3082102594  1737562389  9420757136
2751674573  1891894562  8352570441  3354375857  5342698699

4725470316  5661399199  9682628247  2706413362  2217892390
3176085428  9437339356  1889165125  0424404008  9527198378
7306400504  7208954624  3882343751  7885201439  5600571048
1194988423  9060613695  7342315590  7967034614  9143447886
3604103182  3507365027  7859089757  8272731305  0488939890

0992391350  3373250855  9826558670  8924261242  9473670193
9077271307  0686917092  6462548423  2407485503  6608013604
6689511840  0936686095  4632500214  5852930950  0009071510
5823626729  3264537382  1049387249  9669933942  4685516483
2611341461  1068026744  6637334375  3407642940  2668297386

5220935701  6263846485  2851490362  9320199199  6882851718
3953669134  5222444708  0459239660  2817156551  5656661113
5982311225  0628905854  9145097157  5539002439  3153519090
2107119457  3002438801  7661503527  0862602537  8817975194
7806101371  5004489917  2100222013  3501310601  6391541589

5780371177  9277522597  8742891917  9155224171  8958536168
0594741234  1933984202  1874564925  6443462392  5319531351
0331147639  4911995072  8584306583  6193536932  9699289837
9149419394  0608572486  3968836903  2655643642  1664425760
7914710869  9843157337  4964883529  2769328220  7629472823
```

```
8153740996  1545598798  2598910937  1712621828  3025848112
3890119682  2142945766  7580718653  8065064870  2613389282
2994972574  5303328389  6381843944  7707794022  8435988341
0035838542  3897354243  9564755568  4095224844  5541392394
1000162076  9363684677  6413017819  6593799715  5746854194

6334893748  4391297423  9143365936  0410035234  3777065888
6778113949  8616478747  1407932638  5873862473  2889645643
5987746676  3847946650  4074111825  6583788784  5485814896
2961273998  4134427260  8606187245  5452360643  1537101127
4680977870  4464094758  2803487697  5894832824  1239292960

5829486191  9667091895  8089833201  2103184303  4012849511
6203534280  1441276172  8583024355  9830032042  0245120728
7253558119  5840149180  9692533950  7577840006  7465526031
4461670508  2768277222  3534191102  6341631571  4740612385
0425845988  4199076112  8725805911  3935689601  4316682831

7632356732  5417073420  8173322304  6298799280  4908514094
7903688786  8789493054  6955703072  6190095020  7643349335
9106024545  0864536289  3545686295  8531315337  1838682656
1786227363  7169757741  8302398600  6591481616  4049449650
1173213138  9574706208  8474802365  3710311508  9842799275

4426853277  9743113951  4357417221  9759799359  6852522857
4526379628  9612691572  3579866205  7340837576  6873884266
4059909935  0500081337  5432454635  9675048442  3528487470
1443545419  5762584735  6421619813  4073468541  1176688311
8654489377  6979566517  2796623267  1481033864  3913751865

9467300244  3450054499  5399742372  3287124948  3470604406
3471606325  8306498297  9551010954  1836235030  3094530973
3583446283  9476304775  6450150085  0757894954  8931393944
8992161255  2559770143  6858943585  8775263796  2559708167
7643800125  4365023714  1278346792  6101995585  2247172201

7772370041  7808419423  9487254068  0155603599  8390548985
7235467456  4239058585  0216719031  3952629445  5439131663
1345308939  0620467843  8778505423  9390524731  3620129476
9187497519  1011472315  2893267725  3391814660  7300089027
7689631148  1090220972  4520759167  2970078505  8071718638

1054967973  1001678708  5069420709  2232908070  3832634534
5203802786  0990556900  1341371823  6837099194  9516489600
7550493412  6787643674  6384902063  9640197666  8559233565
4639138363  1857456981  4719621084  1080961884  6054560390
3845534372  9141446513  4749407848  8442377217  5154334260
```

```
3066988317  6833100113  3108690421  9390310801  4378433415
1370924353  0136776310  8491351615  6422698475  0743032971
6746964066  6531527035  3254671126  6752246055  1199581831
9637637076  1799191920  3579582007  5956053023  4626775794
3936307463  0569010801  1494271410  0939136913  8107258137

8135789400  5599500183  5425118417  2136055727  5221035268
0373572652  7922417373  6057511278  8721819084  4900617801
3889710770  8229310027  9766593583  8758909395  6881485602
6322439372  6562472776  0378908144  5883785501  9702843779
3624078250  5270487581  6470324581  2908783952  3245323789

6029841669  2254896497  1560698119  2186584926  7704039564
8127810217  9913217416  3058105545  9880130048  4562997651
1212415363  7451500563  5070127815  9267142413  4210330156
6165356024  7338078430  2865525722  2753049998  8370153487
9300806260  1809623815  1613669033  4111138653  8510919367

3938352293  4588832255  0887064507  5394739520  4396807906
7086806445  0969865488  0168287434  3786126453  8158342807
5306184548  5903798217  9945996811  5441974253  6344399602
9025100158  8827216474  5006820704  1937615845  4712318346
0072629339  5505482395  5713725684  0232268213  0124767945

2264482091  0235647752  7230820810  6351889915  2692889108
4555711266  0396503439  7896278250  0161101532  3516051965
5904211844  9499077899  9200732947  6905868577  8787209829
0135295661  3978884860  5097860859  5701773129  8155314951
6814671769  5976099421  0036183559  1387778176  9845875810

4466283998  8060061622  9848616935  3373865787  7359833616
1338413385  3684211978  9389001852  9569196780  4554482858
4837011709  6721253533  8758621582  3101331038  7766827211
5726949518  1795897546  9399264219  7915523385  7662316762
7547570354  6994148929  0413018638  6119439196  2838870543

6777432242  7680913236  5449485366  7680000010  6526248547
3055861598  9991401707  6983854831  8875014293  8908995068
5453076511  6803337322  2651756622  0752695179  1442252808
1651716677  6672793035  4851542040  2381746089  2328391703
2754257508  6765511785  9395002793  3895920576  6827896776

4453184040  4185540104  3513483895  3120132637  8369283580
8271937831  2654961745  9970567450  7183320650  3455664403
4490453627  5600112501  8433560736  1222765949  2783937064
7842645676  3388188075  6561216896  0504161139  0390639601
6202215368  4941092605  3876887148  3798955999  9112099164
```

```
6464411918  5682770045  7424343402  1672276445  5893301277
8158686952  5069499364  6101756850  6016714535  4315814801
0545886056  4550133203  7586454858  4032402987  1709348091
0556211671  5468484778  0394475697  9804263180  9917564228
0987399876  6973237695  7370158080  6822904599  2123661689

0259627304  3067931653  1149401764  7376938735  1409336183
3216142802  1497633991  8983548487  5625298752  4238730775
5955595546  5196394401  8218409984  1248982623  6737714672
2606163364  3296406335  7281070788  7581640438  1485018841
1431885988  2769449011  9321296827  1588841338  6943468285

9006664080  6314077757  7257056307  2940049294  0302420498
4165654797  3670548558  0445865720  2276378404  6682337985
2827105784  3197535417  9501134727  3625774080  2134768260
4502285157  9795797647  4670228409  9956160156  9108903845
8245026792  6594205550  3958792298  1852648007  0683765041

8365620945  5543461351  3415257006  5974881916  3413595567
1964965403  2187271602  6485930490  3978748958  9066127250
7948282769  3895352175  3621850796  2977851461  8843271922
3223810158  7444505286  6523802253  2843891375  2738458923
8442253547  2653098171  5784478342  1582232702  0690287232

3300538621  6347988509  4695472004  7952311201  5043293226
6282727632  1779088400  8786148022  1475376578  1058197022
2630971749  5072127248  4794781695  7296142365  8595782090
8307332335  6034846531  8730293026  6596450137  1837542889
7557971449  9246540386  8179921389  3469244741  9850973346

2679332107  2686870768  0626399193  6196504409  9542167627
8409146698  5692571507  4315740793  8053239252  3947755744
1591845821  5625181921  5523370960  7483329234  9210345146
2643744980  5596103307  9941453477  8457469999  2128599999
3996122816  1521931488  8769388022  2810830019  8601654941

6542616968  5867883726  0958774567  6182507275  9929508931
8052187292  4610867639  9589161458  5505839727  4209809097
8172932393  0106766386  8240401113  0402470073  5085782872
4627134946  3685318154  6969046696  8693925472  5194139929
1465242385  7762550047  4852954768  1479546700  7050347999

5888676950  1612497228  2040303995  4632788306  9597624936
1510102436  5553522306  9061294938  8599015734  6610237122
3547891129  2547696176  0050479749  2806072126  8039226911
0277722610  2544149221  5765045081  2067717357  1202718024
2968106203  7765788371  6690910941  8074487814  0490755178
```

2038565390 9910477594 1413215432 8440625030 1802757169
6508209642 7348414695 7263978842 5600845312 1406593580
9041271135 9200419759 8513625479 6160632288 7361813673
7324450607 9244117639 9759746193 8358457491 5988097667
4470930065 4634242346 0634237474 6660804317 0126005205

5928493695 9414340814 6852981505 3947178900 4518357551
5412522359 0590687264 8786357525 4191128887 7371766374
8602766063 4960353679 4702692322 9718683277 1739323619
2007774522 1262475186 9833495151 0198642698 8784717193
9664976907 0825217423 3656627259 2844062043 0214113719

9227852699 8469884770 2323823840 0556555178 8908766136
0130477098 4386116870 5231055314 9162517283 7327286760
0724817298 7637569816 3354150746 0883866364 0693470437
2066886512 7568826614 9730788657 0156850169 1864748854
1679154596 5072342877 3069985371 3904300266 5307839877

6385032381 8215535597 3235306860 4301067576 0838908627
0498418885 9513809103 0423595782 4951439885 9011318583
5840667472 3702971497 8508414585 3085781339 1562707603
5639076394 7311455495 8322669457 0249413983 1634332378
9759556808 5683629725 3867913275 0555425244 9194358912

8405045226 9538121791 3191451350 0993846311 7740179715
1228378546 0116035955 4028644059 0249646693 0707769055
4010288302 0808580087 8115773817 1917417760 1733073855
4758006056 0143377432 9901272867 7253043182 5197579167
9296996504 1460706645 7125888346 9797964293 1622965520

1687973000 3564630457 9308840327 4807718115 5533090988
7025505207 6804630346 0865816539 4876951960 0440848206
5967379473 1680864156 4565053004 9881616490 5788311543
4548505266 0069823093 1577765003 7807046612 6470602145
7505793270 9620478256 1524714591 8965223608 3966456241

0519551052 2357239739 5128818164 0597859142 7914816542
6328920042 8160913693 7773722299 9833270820 8296995573
7727375667 6155271139 2258805520 1898876201 1416800546
8736558063 3471603734 2917039079 8639652296 1312801782
6797172898 2293607028 8069087768 6605932527 4637840539

7691848082 0410219447 1971386925 6084162451 1239806201
1318454124 4782050110 7987607171 5568315407 8865439041
2108730324 0201068534 1947230476 6667217498 6986854707
6781205124 7367924791 9315085644 4775379853 7997322344
5612278584 3296846647 5133365736 9238720146 4723679427

```
8700425032  5558992688  4349592876  1240075587  5694641370
5625140011  7971331662  0715371543  6006876477  3186755871
4878398908  1074295309  4106059694  4315847753  9700943988
3949144323  5366853920  9946879645  0665339857  3888786614
7629443414  0104988899  3160051207  6781035886  1166020296

1193639682  1349607501  1164983278  5635316145  1684576956
8710900299  9769841263  2665023477  1672865737  8579085746
6460772283  4154031144  1529418804  7825438761  7707904300
0156698677  6795760909  9669360755  9496515273  6349811896
4130433116  6277471233  8817406037  3174397054  0670310967

6765748695  3587896700  3192586625  9410510533  5843846560
2339179674  9267844763  7084749783  3365557900  7384191473
1988627135  2595462518  1604342253  7299628632  6749682405
8060296421  1463864368  6422472488  7283434170  4415734824
8183330164  0566959668  8667695634  9141632842  6414974533

3499994800  0266998758  8815935073  5781519588  9900539512
0853510357  2613736403  4367534714  1048360175  4648830040
7846416745  2167371904  8310967671  1344349481  9262681110
7399482506  0739495073  5031690197  3185211955  2635632584
3390998224  9862406703  1076831844  6607291248  7475403161

7969941139  7387765899  8685541703  1884778867  5929026070
0432126661  7919223520  9382278788  8098863359  9116081923
5355570464  6349113208  5918979613  2791319756  4909760001
3996234445  5350143464  2686046449  5862476909  4347048293
2941404111  4654092398  8344435159  1332010773  9441118407

4107684981  0663472410  4823935827  4019449356  6516108846
3125678529  7769734684  3030614624  1803585293  3159734583
0384554103  3701091676  7763742762  1021370135  4854450926
3071901147  3184857492  3318167207  2137279355  6795284439
2548156091  3728128406  3330393735  6242001604  5664557414

5881660521  6660873874  8047243391  2129558777  6390696903
7078828527  7538940524  6075849623  1574369171  1317613478
3882719416  8606625721  0368513215  6647800147  6752310393
5786068961  1125996028  1839309548  7090590738  6135191459
1819510297  3278755710  4972901148  7171897180  0469616977

7001791391  9613791417  1627070189  5846921434  3696762927
4591099400  6008498356  8425201915  5937037010  1104974733
9493877885  9894174330  3178534870  7603221982  9705797511
9144051099  4235883034  5463534923  4982688362  4043327267
4155403016  1950568065  4180939409  9820206099  9414021689
```

```
0900708213  3072308966  2119775530  6659188141  1915778362
7292746156  1857103721  7247100952  1423696483  0864102592
8874579993  2237495519  1221951903  4244523075  3513380685
6807354464  9951272031  7448719540  3976107308  0602699062
5807602029  2731455252  0780799141  8429063884  4373499681

4582733720  7266391767  0201183004  6481900024  1308350884
6584152148  9912761065  1374153943  5657211390  3285749187
6909441370  2090517031  4877734616  5287984823  5338297260
1361109845  1484182380  8120540996  1252745808  8109948697
2216128524  8974255555  1607637167  5054896173  0168096138

0381191436  1143992106  3800508321  4098760459  9309324851
0251682944  6726066613  8151745712  5597549535  8023998314
6982203613  3808284993  5670557552  4712902745  3977621404
9318201465  8008021566  5360677655  0878380430  4134310591
8046068008  3459113664  0834887408  0057412725  8670479225

8319127415  7390809143  8313845642  4150940849  1339180968
4025116399  1936853225  5573389669  5374902662  0923261318
8558915808  3245557194  8453875628  7861288590  0410600607
3746501402  6278240273  4696252821  7174941582  3317492396
8353013617  8653673760  6421667781  3773995100  6589528877

4276626368  4183068019  0804609849  8094697636  6733566228
2915132352  7888061577  6827815958  8669180238  9403330764
4191240341  2022310308  5778603572  7694154177  8826435238
1319050280  8701857504  7046312933  3537572853  8660588890
4583111450  7739429352  0199432197  1171642235  0056440429

7989208159  4307167019  8574692738  4865383343  6145794634
1759225738  9858800169  8014757420  5429958012  4295810545
6510831046  2972829375  8416116253  2562516572  4980784920
9989799062  0035936509  9347215829  6517413579  8491047111
6607915874  3698654122  2348341887  7229294463  3517865385

6731962559  8520260729  4767407261  6767145573  6498121056
7771689348  4917660771  7052771876  0119990814  4113058645
5779105256  8430481144  0261938402  3224709392  4980293355
0731845890  3553971330  8844617410  7959162511  7148648744
6861124760  5428673436  7090466784  6867027409  1881014249

7111496578  1772427934  7070216688  2956108777  9440504843
7528443375  1088282647  7197854000  6509704033  0218625561
4733211777  1174413350  2816088403  5178145254  1964320309
5760186946  4908868154  5285621346  9883554445  6024955666
8436602922  1951248309  1060537720  1980218310  1032704178
```

```
3866544718  1260397190  6884623708  5751808003  5327047185
6594994761  2424811099  9288679158  9690495639  4762460842
4065930948  6215076903  1498702067  3533848349  5508363660
1784877106  0809804269  2471324100  0946401437  3603265645
1845667924  5666955100  1502298330  7984960799  4988249706

1723674493  6122622296  1790814311  4146609412  3415935930
9585407913  9087208322  7335495720  8075716517  1876599449
8569379562  3875551617  5754380917  8052802946  4200447215
3962807463  6021132942  5591600257  0735628126  3873310600
5891065245  7080244749  3754318414  9401482119  9962764531

0680066311  8382376163  9663180931  4446712986  1552759820
1451410275  6006892975  0246304017  3514891945  7636078935
2855505317  3314164570  5049964438  9093630843  8744847839
6168405184  5273288403  2345202470  5685164657  1647713932
3775517294  7951261323  9822960239  4548579754  5865174587

8771331813  8752959809  4121742273  0035229650  8089177705
0682592488  2232215493  8048371454  7816472139  7682096332
0508305647  9204820859  2047549985  7320388876  3916019952
4091893894  5576768749  7308569559  5801065952  6503036266
1597506622  2508406742  8898265907  5106375635  6996821151

0949669744  5805472886  9363102036  7823250182  3237084597
9011154847  2087618212  4778132663  3041207621  6587312970
8112307581  5982124863  9807212407  8688781145  0165582513
6178903070  8608701989  7588980745  6643955157  4153631931
9198107057  5336633738  0382721527  9884935039  7480015890

5194208797  1130805123  3933221903  4662499171  6915094854
1401871060  3546037946  4337900589  0957721180  8044657439
6280618671  7861017156  7409676620  8029576657  7051291209
9079443046  3289294730  6159510430  9022214393  7184956063
4056189342  5130572682  9146578329  3340524635  0289291754

7087256484  2600349629  6116541382  3007731332  7298305001
6025672401  4185152041  8907011542  8857992081  2198449315
6999059182  0118197335  0012618772  8036812481  9958770702
0753240636  1259313438  5955425477  8196114293  5163561223
4966615226  1473539967  4051584998  6035529533  2924575238

8810136202  3476246690  5581643896  7863097627  3655047243
4864307121  8494373485  3006063876  4456627218  6661701238
1277156213  7974614986  1328744117  7145524447  0899714452
2885662942  4402301847  9120547849  8574521634  6964489738
9206240194  3518310088  2834802492  4908540307  7863875165
```

9113028739 5878709810 0772718271 8745290139 7283661484
2142871705 5317965430 7650453432 4600536361 4726181809
6997693348 6264077435 1999286863 2383508875 6683595097
2655748154 3194019557 6850437248 0010204137 4983187225
9677387154 9583997184 4490727914 1965845930 0839426370

2087563539 8216962055 3248032122 6749891140 2678528599
6734052420 3109179789 9905718821 9493913207 5343170798
0023736590 9853755202 3891164346 7185582906 8537118979
5262623449 2483392496 3424497146 5684659124 8918556629
5893299090 3523923333 3647435203 7077010108 4388003290

7598342170 1855422838 6161721041 7603011645 9187805393
6744747205 9985023582 8918336929 2233732399 9480437108
4196594731 6265482574 8099482509 9918330069 7656936715
9689364493 3488647442 1350084070 0660883597 2350395323
4017958255 7036016936 9909886711 3210979889 7070517280

7558551912 6993067309 9250704070 2455685077 8679069476
6126298082 2516331363 9952117098 4528092630 3759224267
4257559989 2892783704 7444521893 6320348941 5521044597
2618838003 0067761793 1381399162 0580627016 5102445886
9247649246 8919246121 2531027573 1390840470 0071435613

6231699237 1694848132 5542009145 3041037135 4532966206
3921054798 2439212517 2540132314 9027405858 9206321758
9494345409 0084039931 3757091034 6332714153 1622328055
2297297953 8018801628 5907357295 5416278867 6498274186
1642187898 8574107164 9069191851 1628152854 8679417363

8906653885 7642291583 4250067361 2453849160 6741373401
7357277995 6341043326 8835695078 1493137800 7362354180
0706191802 6732855119 1942676091 2210359874 6924117283
7493126163 3950012395 9924050845 4375698507 9570462226
6461900010 3500490183 0341535458 4283376437 8111988556

3187777925 3720116671 8539541835 9844383052 0376281944
0761594106 8207169703 0228515225 0573126093 0468984234
3315273213 1361216582 8080752126 3154773060 4423774753
5059522871 7440266638 9148817173 0864361113 8906942027
9088143119 4487994171 5404210341 2190847094 0802540239

3294294549 3878640230 5129271190 9751353600 0921971105
4120966831 1151632870 5423028470 0731206580 3262641711
6165957613 2723515666 6253667271 8998534199 8952368848
3099930275 7419916463 8414270779 8870887422 9277053891
2271724863 2202889842 5125287217 8260305009 9451082478

3572905691 9885554678 8607946280 5371227042 4665431921
4528176074 1482403827 8358297193 0101788834 5674167811
3989547504 4833931468 9630763396 6572267270 4339321674
5421824557 0625247972 1997866854 2798977992 3395790575
8189062252 5473582205 2364248507 8340711014 4980478726

6919901864 3882293230 5382318559 7328697809 2225352959
1017341407 3348847610 0556401824 2392192695 0620831838
1454698392 3664613639 8910121021 7709597670 4908305081
8547041946 6437131229 9692358895 3849301363 5657618610
6062228705 5994233716 3102127845 7446463989 7381885667

4626087948 2018647487 6727272220 6267646533 8099801966
8836809941 5907577685 2639865146 2533363124 5053640261
0569605513 1838131742 6118442018 9088853196 3569869627
9503673842 4313011331 7533053298 0201668881 7481342988
6815855778 1034323175 3064784983 2106297184 2518438553

4427620128 2345707169 8853051832 6179641178 5796088881
5032960229 0705614476 2209150947 3903594664 6916235396
8092013945 7817589108 8931992112 2600739281 4916948161
5273842736 2642980982 3406320024 4024495894 4561291670
4950823581 2487391799 6486411334 8032475777 5219708932

7722623494 8601504665 2681439877 0516153170 2669692970
4928316285 5042128981 4670619533 1970269507 2143782304
7687528028 7354126166 3917082459 2517001071 4180854800
6369232594 6201900227 8087409859 7719218051 5853214739
2653251559 0354102092 8466592529 9914353791 8253145452

9059841581 7637058927 9069098969 1116438118 7809435371
5213322614 4362531449 0127454772 6957393934 8154691631
1624928873 5747188240 7150399500 9446731954 3161938554
8520766573 8825139639 1635767231 5100555603 7263394867
2082078086 5373494244 0115799667 5073607111 5935133195

9197120948 9647175530 2453136477 0942094635 6969822266
7377520994 5168450643 6238242118 5353488798 9395673187
8066061078 8544000550 8276570305 5874485418 0577889171
9207881423 3511386629 2966717964 3468760077 0479995378
8338787034 8718021842 4373421122 7394025571 7690819603

0920182401 8842705704 6092622564 1783752652 6335832424
0661253311 5294234579 6556950250 6810018310 9004112453
7901533296 6156970522 3792103257 0693705109 0830789479
9990049993 9532215362 2748476603 6136776979 7856738658
4670936679 5885837887 9562594646 4891376652 1995882869

3380183601 1932368578 5585581955 5604215625 0883650203
3220245137 6215820461 8106705195 3306530606 0650105488
7167245377 9428313388 7163139559 6905832083 4168984760
6560711834 7136218123 2462272588 4199028614 2087284956
8796393254 6428534307 5301105285 7138296437 0999035694

8885285190 4029560473 4613113826 3878897551 7885604249
9874831638 2804046848 6189381895 9054203988 9872650697
6202019955 4841265000 5394428203 9301274816 3815853039
6439925470 2016727593 2857436666 1644110962 5663373054
0921951967 5148328734 8089574777 7527834422 1091073111

3518280460 3634719818 5655572957 1447476825 5285786334
9342858423 1187494400 0322969069 7758315903 8580393535
2135886007 9600342097 5473922967 3331064939 5601812237
8128545843 1760556173 3861126734 7807458506 7606304822
9409653041 1183066710 8189303110 8871728167 5195796753

4718853722 9309616143 2040063813 2246584111 1157758358
5811350185 6904781536 8938137718 4728147519 9835050478
1297718599 0847076219 7460588742 3256995828 8925350419
3795826061 6211842368 7685114183 1606831586 7994601652
0577405294 2305360178 0313357263 2670547903 3840125730

5912339601 8801378254 2192709476 7337191987 2873852480
5742124892 1183470876 6296672072 7232565056 5129333126
0393037777 2754247124 1648312832 9820723617 5057467387
0128209575 5443059683 9555568686 1188397135 5220844528
5264008125 2027665557 6774959696 2661260456 5245684086

1392382657 6858338469 8499778726 7065551918 5446869846
9478495734 6226062942 1962455708 5371272776 5230989554
5019303773 2166649182 5781546772 9200521266 7143463209
6378918523 2321501897 6126034373 6840671941 9303774688
0999296877 5824410478 7812326625 3181845960 4538535438

3911449677 5312864260 9252115376 7325886672 2604042523
4910870269 5809964759 5805794663 9734190640 1003636190
4042033113 5793365424 2630356145 7009011244 8008900208
0147805660 3710154122 3288914657 2239314507 6071670643
5568274377 4396578906 7972687438 4730763464 5167756210

3098604092 7170909512 8086309029 7385044527 1828927496
8921210667 0081648583 3955377359 1913695015 3162018908
8874842107 9870689911 4804669270 6509407620 4650277252
8650728905 3285485614 3316081269 3005693785 4178610969
6920253886 5034577183 1766868859 2368148847 5276498468

```
8219497397  2970773718  7188400414  3231276365  0481453112
2850990020  7424092558  5925292610  3021067368  1543470152
5234878635  1643976235  8604191941  2969769040  5264832347
0099111542  4260127343  8022089331  0966863678  9869497799
4001260164  2276092608  2349304118  0643829138  3473546797

2539926233  8791582998  4864592717  3405922562  0749105308
5315371829  1168163721  9395188700  9577881815  8685046450
7699343940  9874335144  3162633031  7247747486  8979182092
3948083314  3970840673  0840795893  5810896656  4775859905
5637695252  3265361442  4780230826  8118310377  3588708924

0613031336  4773710116  2821461466  1679404090  5186152603
6009252194  7218890918  1073358719  6414214447  8654899528
5823439470  5007983038  8538860831  0357193060  0277119455
8021911942  8999227223  5345870756  6246926177  6631788551
4435021828  7026685610  6650035310  5021631820  6017609217

9846849368  6316129372  7951873078  9726373537  1715025637
8733579771  8081848784  5886650433  5824377004  1477104149
3492743845  7587107159  7315594394  2641257027  0965125108
1155482479  3940359768  1188117282  4721582501  0949609662
5393395380  9221955919  1818855267  8062149923  1727631632

1833989693  8075616855  9117529984  5013206712  9392404144
5938623988  0938124045  2191484831  6462101473  8918251010
9096773869  0664041589  7361047643  6500068077  1056567184
8628149637  1118832192  4456639458  1449148616  5500495676
9826903089  1118568798  6929470513  5248160917  4324301538

3684707292  8989828460  2223730145  2655679898  6277679680
9146979837  8268764311  5988321090  4371561129  9766521539
6354644208  6919756737  0005738764  9784376862  8768179249
7469438427  4652563163  2300555130  4174227341  6464551278
1278457777  2457520386  5437542828  2567141288  5834544435

1325620544  6424101103  7955464190  5811686230  5964476958
7054072141  9852121067  3433241075  6767575818  4569906930
4604752277  0167005684  5439692340  4171108988  8993416350
5851578873  5343081552  0811772071  8803791040  4698306957
8685473937  6564336319  7978680367  1873079693  9242363214

4845035477  6315670255  3900654231  1792015346  4977929066
2415083288  5839529054  2637687668  9688050333  1722780018
5885069736  2324038947  0047189761  9347344308  4374437599
2503417880  7972235859  1342458131  4404984770  1732361694
7197657153  5319775499  7162785663  1190469126  0918259124
```

9890367654 1769799036 2375528652 6375733763 5269693443
5440047306 7198868901 9681474287 6779086697 9688522501
6369498567 3021752313 2529265375 8964151714 7955953878
4278499866 4563028788 3196209983 0494519874 3963690706
8276265748 5810439112 2326187940 5994155406 3270131989

8957037611 0532360629 8674803779 1537675115 8304320849
8720920280 9297526498 1256916342 5000522908 8726469252
8466610466 5392171482 0801305022 9805263783 6426959733
7070539227 8915351056 8883938113 2497570713 3102950443
0346715989 4487868471 1643832805 0692507766 2745001220

0352620370 9466023414 6489983902 5258883014 8678162196
7751945831 6771876275 7200505439 7944124599 0077115205
1546199305 0983869825 4284640725 5540927403 1325716326
4079293418 3342147090 4125425335 2324802193 2277075355
5467958716 3835875018 1593387174 2360615511 7101312352

5633485820 3651461418 7004920570 4372018261 7331947157
0086757853 9336078622 7395581857 9758725874 4102542077
1054753612 9404746010 0094095444 9596628814 8691590389
9071865980 5636171376 9222729076 4197755177 7201042764
9694961105 6220592502 4202177042 6962215495 8726453989

2276976603 1052498085 5759471631 0758701332 0886146326
6412591148 6338812202 8444069416 9488261529 5776253250
1907033987 0074380469 8219420563 8125583343 6421949232
2759372212 8905642094 3082352544 0841108645 4536940496
9271494003 3197828613 1818618881 1118408257 8659287574

2638445005 9944229568 5864604810 3301538891 1499486935
4360302218 1094346676 4000022362 5505736312 9462629609
6198760564 2599639461 3869233083 7196265954 7392346241
3459779574 8524647837 9807956931 9865081597 7675350553
9189911513 3525229873 6112779182 7485420086 8953965835

9421963331 5028695611 9201229888 9887006079 9927954111
8826902307 8913107603 6176347794 8943203210 2773359416
9086500719 3280401716 3840644987 8717537567 8118532132
8408216571 1075495282 9497493621 4608215583 2056872321
8557406516 1096274874 3750980922 3021160998 2633033915

4694946444 9100451528 0925089745 0748967603 2409076898
3652940657 9201983152 6541065813 6823791984 0906457124
6894847020 9357761193 1399802468 1340520039 4781949866
2026240089 0215016616 3813538381 5150377350 2296607462
7952910384 0686855690 7015751662 4192987244 4827194293

3100485482 4454580718 8976330032 3252582158 1280327467
9620028147 6243182862 2171054352 8983482082 7345168018
6131719593 3247110746 6222850871 0666117703 4653528395
7762599774 4672185715 8161264111 4327179434 7885990892
8084866949 1413909771 6736900277 7585026866 4654056595

0394867841 1107901161 0400857274 4562938425 4941675946
0548711723 5946429105 8509099502 1495879311 2196135908
3158826206 8233215615 3086833730 8381732793 2819698387
5087083483 8804638847 8441884003 1847126974 5437093732
9836240287 5197920802 3218787448 8287284372 7378017827

0080587824 1074935751 4889978911 7397461293 2035108143
2703251409 0304874622 6294234432 7571260086 6425083331
8768865075 6429271605 5252895449 2153765175 1492196367
1810494353 1785838345 3865255656 6406572513 6357506435
3236508936 7904317025 9787817719 0314867963 8408288102

0946149007 9715137717 0990619549 6964007086 7667102330
0486726314 7551053723 1757114322 3174114116 8062286420
6388906210 1923552235 4671166213 7499693269 3217370431
0598722503 9456574924 6169782609 7025335947 5020913836
6737728944 3869640002 8110344026 0847128990 0074680776

4844088711 3413525033 6787731679 7709372778 6821661178
6534423173 2264637847 6978751443 3209534000 1650692130
5464768909 8505020301 5044880834 2618452087 3053097318
9492916425 3229336124 3151430657 8264070283 8984098416
0295030924 1897120971 6016492656 1341343342 2298827909

9217860426 7981245728 5345801338 2609958771 7811310216
7340256562 7440072968 3406619848 0676615805 0216918337
2368039902 7931606420 4368120799 0031626444 9146190219
4582296909 9212278855 3948783538 3056468648 8165556229
4315673128 2743908264 5061162894 2803501661 3366978240

5177015521 9626522725 4558507386 4058529983 0379180350
4328767038 0925216790 7571204061 2375963276 8567484507
9151147313 4400018325 7034492090 9712435809 4479004624
9431345502 8900680648 7042935340 3743603262 5820535790
1183956490 8935434510 1342969617 5452495739 6062149028

8728932792 5206965353 8639644322 5388327522 4996059869
7475988232 9916263545 9733244451 6375533437 7492928990
5811757863 5555562693 7426910947 1170021654 1171821975
0519831787 1371060510 6379555858 8905568852 8879890847
5091576463 9074693619 8815078146 8526213325 2473837651

```
1929901561  0918977792  2008705793  3964638274  9068069876
9168197492  3656242260  8715417610  0430608904  3779766785
1966189140  4144925270  4808819714  9880154205  7787006521
5940092897  7760133075  6847966992  9554336561  3984773806
0394368895  8876460549  8387147896  8482805384  7017308711

1776115966  3505039979  3438693391  1978988710  9156541709
1330826076  4740630571  1411098839  3880954814  3782847452
8838368079  4188843426  6622207043  8722887413  9478010177
2139228191  1992365405  5163958934  7426395382  4829609036
9002883593  2774585506  0801317988  4071624465  6399794827

5783650195  5142215513  3928197822  6984278638  3916797150
9126241054  8725700924  0700454884  8569295044  8110738087
9965474815  6891393538  0943474556  9721289198  2717702076
6613602489  5814681191  3361412125  8783895577  3571949863
1721084439  8901423948  4966592517  3138817160  2663261931

0653665350  4147307080  4414939169  3632623737  6777709585
0313255990  0957627319  5730864804  2467701212  3270205337
4266705314  2448208168  1303063973  7873664248  3672539837
4876909806  0218278578  6216512738  5635132901  4890350988
3270617258  9325753639  9397905572  9175160097  6154590447

7169226580  6315111028  0384360173  7474215247  6085152099
0161585823  1257159073  3421736576  2671423904  7827958728
1305095633  0928026684  5893764964  9770232973  6413190609
8274063353  1089792464  2421345837  4090116939  1964250459
1288134034  9881063540  0887596820  0544083643  8651661788

0557608956  8967275315  3808194207  7332597917  2784376256
6118431989  1025007491  8290864751  4979400316  0703845549
4653859460  2745244746  6812314687  9434416109  9333890899
2638411847  4252570445  7251745932  5738989565  1857165759
6148126602  0310797628  2541655905  0604247911  4016957900

3383565748  6925280074  3025623419  4982864679  1447632277
4005529460  9039401775  3633565547  1931000175  4300475047
1914489984  1040015867  9461792416  1001645471  6551337074
0739502604  4276953855  3834397550  5488710997  8520540117
5169747581  3449260794  3368954378  3221172450  6873442319

8987884412  8542064742  8097356258  0706698310  6979935260
6933921356  8588139121  4807354728  4632277849  0808700246
7776303605  5512323866  5629517885  3719673034  6347012229
3958160679  2509153217  4890308408  8651606111  9011498443
4123501246  4692802880  5996134283  5118847154  4977127847
```

3361766285 0621697787 1774382436 2565711779 4500644777
1837022199 9106695021 6567576440 4499794076 5037999954
8450027106 6598781360 3802314126 8369057831 9046079276
5297277694 0436130230 5178708054 6511542469 3952651271
0105292707 0306673024 4471259739 3995051462 8404767431

3637399782 5918454117 6413327906 4606365841 5292701903
0276017339 4748669603 4869497654 1752429306 0407270050
5903950314 8522921392 5755948450 7886797792 5253931765
1564161971 6844352436 9794447355 9642606333 9105512682
6061595726 2170366985 0647328126 6724521989 0605498802

8078288142 9796336696 7441248059 8219214633 9565745722
1022986775 9974673812 6069367069 1340815594 1201611596
0190237753 5255563006 0624798326 1249881288 1929373434
7686268921 9239777833 9107331065 8825681377 7172328315
3290825250 9273304785 0724977139 4483338925 5208117560

8452966590 5539409655 6854170600 1179857293 8139982583
1929367910 0391844099 2865756059 9359891000 2969864460
9747147184 7010153128 3762631146 7742091455 7404181590
8800064943 2378558393 0853082830 5476076799 5243573916
3122188605 7549673832 2431956506 5546085288 1201902363

6447127037 4863442172 7257879503 4284863129 4491631847
5347531435 0413920961 0879605773 0987201352 4840750576
3719925365 0470908582 5139368634 6386336804 2891767107
6021111598 2887553994 0120076013 9470336617 9371539630
6139863655 4922137415 9790511908 3588290097 6566473007

3387931467 8913181465 1093167615 7582135142 4860442292
4453041131 6065270097 4330088499 0346754055 1864067734
2603583409 6086055337 4736276093 5658853109 7609942383
4738222208 7292464497 6845605795 6251676557 4088410321
7313456277 3585605235 8236389532 0385340248 4227337163

9123973215 9954408284 2166663602 3296545694 7035771848
7344203422 7706653837 3875061692 1276801576 6181095420
0977083636 0436111059 2409117889 5403380214 2652394892
9686439808 9261146354 1457153519 4342850721 3534530183
1587562827 5733898268 8985235577 9929572764 5229391567

4775666760 5108788764 8453493636 0682780505 6462281359
8885879259 9409464460 4170520447 0046315137 9754317371
8775603981 5962647501 4109066588 6616218003 8266989961
9655805872 0863972117 6995219466 7898570117 9833244060
1811575658 0742841829 1061519391 7630059194 3144346051

```
5404771057 0054339000 1824531177 3371895585 7603607182
8605063564 7997900413 9761808955 3636696031 6219311325
0223851791 6720551806 5926351803 6251214575 9262383693
4822266589 5576994660 4919381124 8660909979 8128571823
4940066155 5219611220 7203092277 6462009993 1524427358

9488710576 6238946938 8944649509 3960330454 3408421024
6240104872 3328750081 7491798755 4387938738 1439894238
0117627008 3719605309 4383940063 7561164585 6094312951
7597713935 3960743227 9248922126 7045808183 3137641658
1826956210 5872892447 7400359470 0926866265 9651422050

6300785920 0248829186 0839743732 3538490839 6432614700
0532423540 6470420894 9921025040 4726781059 0836440074
6638002087 0126664209 4571817029 4675227854 0074508552
3777208905 8168391844 6592829417 0182882330 1497155423
5235911774 8186285929 6760504820 3864343108 7795628929

2540563894 6621948268 7110428281 6389397571 1757786915
4301650586 0296521745 9581988878 6804081103 2843273986
7198621306 2055598552 6603640504 6282152306 1545944744
8990883908 1999738747 4529698107 7620148713 4000122535
5222466954 0931521311 5337915798 0269795557 1050850747

3874750758 0687653764 4578252443 2638046143 0428892359
3485296105 8269382103 4980004052 4840708440 3561167817
1705128133 7880570564 3450616119 3304244407 9826037795
1198548694 5591520519 6009304127 1007277849 3015550388
9536033826 1929343797 0818743209 4991415959 3396368110

6275572952 7800425486 3060054523 8391510689 9891357882
0019411786 5356821491 1852820785 2130125518 5184937115
0342215954 2244511900 2073935396 2740020811 0465530207
9328672547 4054365271 7595893500 7163360763 2161472581
5407642053 0200453401 8357233829 2661915308 3540951202

2632916505 4426123619 1970516138 3935732669 3760156914
4299449437 4485680977 5696303129 5887191611 2929468188
4936338647 3927476012 2696415884 8900965717 0861605981
4720446742 8664208765 3347998582 2209061980 2173211614
2304194777 5499073873 8567941189 8246609130 9169177227

4207233367 6350326783 4058630193 0193242996 3972044451
7928812285 4478211953 5308989101 2534297552 4727635730
2262813820 9180743974 8671453590 7786335301 6082155991
1314144205 0914472935 3502223081 7193663509 3468658586
5631485557 5862447818 6201087118 8976065296 9899269328
```

1787055764 3514338206 0141077329 2610634315 2533718224
3385263520 2177354407 1528189813 7698755157 5745469397
2715048846 9793619500 4777209705 6179391382 8989845327
4262272886 4710888327 0173723258 8182446584 3624958059
2560338105 2156062061 5571329915 6084892064 3403033952

6226345145 4283678698 2880742514 2256745180 6184149564
6861116354 0497189768 2154227722 4794740335 7152743681
9409892050 1136534001 2384671429 6551867344 1537416150
4256325671 3430247655 1252192180 3578016924 0326699541
7460875924 0920700466 9340396510 1781348578 3569444076

0470232540 7555577647 2845075182 6890418293 9661133101
6013111907 7398632462 7782190236 5066037404 1606724962
4901374332 1724645409 7412995570 5291424382 0807609836
4823465973 8866913499 1978401310 8015581343 9791948528
3043673901 2482082444 8141280954 4377389832 0059864909

1595053228 5791457688 4962578665 8859991798 6752055455
8099004556 4611787552 4937012455 3217170194 2828846174
0273664997 8475508294 2280202329 0122163010 2309772151
5694464279 0980219082 6689868834 2630716092 0791408519
7695235553 4886577434 2527753119 7247430873 0436195113

9611908003 0255878387 6442060850 4473063129 9277888942
7291897271 6989057592 5244679660 1897074829 6094919064
8764693702 7507738664 3239191904 2254290235 3189233772
9316673608 6996228032 5571853089 1928440380 5071030064
7768478632 4319100022 3929785255 3723755662 1364474009

6760539439 8382357646 0699246526 0089090624 1059042154
5392790441 1529580345 3345002562 4410100635 9530039598
8644661695 9562635187 8060688513 7234627079 9732723313
4693971456 2855426154 6765063246 5676620279 2452085813
4771760852 1691340946 5203076733 9184114750 4140168924

1213198268 8156866456 1485380287 5393311602 3229255561
8941042995 3356400957 8649534093 5115266454 0244187759
4931693056 0448686420 8627572011 7231952640 5023099774
5676478384 8897346431 7215980626 7876718380 0524769688
4084989185 0861490034 3240347674 2686245952 3958903585

8213500645 0998178244 6360873177 5437885967 7672919526
1112138591 9472545140 0301180503 4378752776 6440276261
8941017576 8726804281 7662386068 0477885242 8874302591
4524707395 0546525135 3394595987 8961977891 1041890292
9438185672 0507096460 6263541732 9446495766 1265195349

```
5701860015 4126239622 8641389779 6733329070 5673769621
5649818450 6842263690 3678495559 7002607986 7996261019
0393312637 6855696876 7029295371 1625280055 4310078640
8728939225 7145124811 3577862766 4902425161 9902774710
9033593330 9304948380 5978566288 4478744146 9841499067

1237647895 8226329490 4679812089 9848571635 7108783119
1848630254 5016209298 0582920833 4813638405 4217200561
2198935366 9371336733 3924644161 2522319694 3471206417
3754912163 5700857369 4397305979 7097197266 6664226743
1117762176 4030686813 1035189911 2271339724 0368870009

9686292254 6465006385 2886203938 0050477827 6912835603
3725482557 9391298525 1506829969 1077542576 4748832534
1412132800 6267170940 0909822352 9657957997 8030182824
2849022147 0748111124 0186076134 1515038756 9830918652
7806588966 8236252393 7845272634 5304204188 0250844236

3190383318 3845505223 6799235775 2929106925 0432614469
5010986108 8899914658 5518818735 8252816430 2520939285
2580779697 3762084563 7482114433 9881627100 3170315133
4402309526 3519295886 8069082135 5853680161 0002137408
5115448491 2685841268 6958991741 4913382057 8492800698

2551957402 0181810564 1297250836 0703568510 5533178784
0829000041 5525118657 7945396331 7538532092 1497205266
0783126028 1961164858 0986845875 2512999740 4092797683
1766399146 5538610893 7587952214 9717317281 3151793290
4431121815 8710235187 4075722210 0123768721 9447472093

4931232410 7065080618 5623725267 3254073332 4875754482
9675734500 1932190219 9119960797 9893733836 7324257610
3938985349 2787774739 8050808001 5544764061 0535222023
2540944356 7718794565 4304067358 9649101761 0775948364
5408234861 3025471847 6485189575 8366743997 9150851285

8020607820 5544629917 2320202822 2914886959 3997299742
9747115537 1858924238 4938558585 9540743810 4882624648
7880533042 7146301194 1589896328 7926783273 2245610385
2197011130 4665871005 0008328517 7311776489 7352309266
6123458887 3102883515 6264460236 7199664455 4727608310

1187883891 5114934093 9344750073 0258558147 5619088139
8752357812 3313422798 6650352272 5367171230 7568610450
0454897036 0079569827 6263923441 0714658489 5780241408
1584052295 3693749971 0665594894 4592462866 1996355635
0652623405 3394391421 1127181069 1052290024 6574236041
```

```
3009369188 9255865784 6684612156 7955425660 5416005071
2766417660 5687427420 0329577160 6434486062 0123982169
8271723197 8268166282 4993871499 5449137302 0518436690
7672357740 0053932662 6227603236 5975171892 5901801104
2903842741 8550789488 7438832703 0632832799 6300720069

8012244365 1163940869 2222074532 0244624121 1558043545
4206421512 1585056896 1573564143 1306888344 3185280853
9759277344 3365538418 8340303517 8229462537 0201578215
7373265523 1857635540 9895403323 6382319219 8921711774
4946940367 8296185920 8034038675 7583411151 8824177439

1450773663 8407188048 9358256868 5420116450 3135763335
5509440319 2367203486 5101056104 9872726472 1319865434
3545040913 1859513145 1812764373 1043897250 7004981987
0521762724 9406521461 9959232142 3144397765 4670835171
4749367986 1865527917 1582408065 1063799500 1842959387

9915835017 1580759883 7849622573 9851212981 0326379376
2183224565 9423668537 6799113140 1080431397 3233544909
0824910499 1433258432 9882103398 4698141715 7560108297
0658306521 1347076803 6806953229 7199059990 4451209087
2757762253 5104090239 2888779424 6304832803 1913271049

5478599180 1969678353 2146444118 9260631526 6181674431
9355081708 1875477050 8026540252 9410921826 4858213857
5266881555 8411319856 0022135158 8872103656 9608751506
3187533002 9421186822 2189377554 6027227291 2905042922
5978771066 7873840000 6167721546 3844129237 1193521828

4998243509 2089180168 5572798156 4218581911 9749098573
0570332667 6464607287 5743056537 2602768982 3732597450
8447964954 5648030771 5981539558 2777913937 3601717422
9960273531 0276871944 9444917939 7851446315 9731443535
1850491413 9415573293 8204854212 3508173912 5497498193

0871439661 5132942045 9193801062 3142177419 9184060180
3479498876 9105155790 5554806953 8785400664 5337598186
2846419905 2204528033 0626369562 6490910827 6271159038
5699505124 6529996062 8554438383 3032763859 9800792922
8466595035 5121124528 4087516229 0602620118 5777531374

7949362055 4964010730 0134885315 0735487353 9056029089
3352640071 3274732621 9603117734 3394367338 5759124508
1493357369 1166454128 1788171454 0230547506 6713651825
8284898099 5121391939 9563324133 6556777098 0030819102
7204099714 8687418134 6670060940 5102146269 0280449159
```

```
6465453301  0775469541  3088714165  3125448130  6119240782
1188690056  0277818242  3502269618  9344352547  6335735364
8561936325  4417756613  9817039306  3287216690  5722259745
2091929172  6219984440  9646158269  4563802395  0283712168
6446561785  2355651641  2771282691  8688615572  7162014749

3405227694  6595712198  3149433816  2211400693  6307430444
1732847861  0177774383  7977037231  7952554341  0722344551
2555589998  6461838767  6490397246  1167959018  1000350989
2864120419  5163551108  7632042676  1297982652  9425882951
1412758412  6273279079  8807559751  8515768412  6474220947

9721843309  3529726652  1001566251  4552994745  1276315509
1763673025  9462132930  1904028379  5424632325  8550301096
7069227202  2707486341  9005438302  6506812141  4213505715
4175057508  6399076739  4633514620  9082888934  9383764393
9925690060  4067311422  0933121959  3620298297  2351163259

3867722414  7791162957  2780752395  0562515816  0313335938
2311500518  6268905306  5836812998  8108663263  2719806112
7154885879  8093487912  9137074982  3057592909  1862939195
0147211975  8606727009  2547718025  7503377307  9939713453
9532646195  2699965963  8565491759  0458333585  7991020127

1320458390  3200853878  8816336376  8518208372  7885131175
2277696097  8796214237  2162545214  5912818317  9821604411
1311671406  9148271709  8101545778  1939202311  5638719508
0502467972  5792497605  7726259133  2855972637  1211201905
7207714091  4864507409  4926718035  8151575715  1405039761

0963846755  5692989703  8354731410  0223802583  4687673501
2977541327  9532060971  1545064842  1218593649  0997917766
8747744818  8287063231  5515865032  8981642282  8823274686
6106592732  1979071623  8464215348  9852476216  7890502609
9804526648  3929542357  2873439776  8049577409  1449538391

5755654854  5905897649  5198513801  0079580107  8375994577
5299196700  5476022525  5203445398  8712538780  1719607181
6407812484  7847257912  4078245443  6168234523  9570689514
2722697504  3187363326  3011103053  4233358216  0933319121
8806608268  3414289104  1517324721  6053355849  9932245487

3077882290  5252324234  8615315209  7693846104  2582849714
9634753418  3756200301  4915703279  6853018686  3157248840
1526639835  6895636346  5743532178  3493199825  5421173084
6774529708  5839507616  4582296303  2442432823  7737450517
0285606980  6788952176  8198156710  7816334052  6675953942
```

```
4926280756  9683261074  9532339053  6223090807  0814559198
3735537774  8742029039  0181429373  1152933464  4468151212
9450975965  3430628421  5319445727  1186149000  1765055817
7095302468  8752632501  1970520947  6159416768  7277844720
0019278913  7251841622  8577837922  8443908430  1181121496

3664246590  3363419454  0657183544  7719124466  2125939265
6620306888  5200555991  2123536371  8226922531  7814587925
9375044144  8933981608  6579008761  6502463519  7045828895
4817937566  8104647461  4105142498  8702521399  3687050937
2305447734  1126413548  9280684105  9107716677  8212383328

1026218558  7751312721  1793444482  0144042574  5083063944
7383637939  0628300897  3306241380  6145894142  2769474793
1665717623  1824721683  5067807648  7573420491  5576282175
8397297513  4478990696  5895325489  4033561561  3167403276
4724692125  0575911625  1529654568  5446334981  1431767025

7295661844  7754874693  7846423373  7238981920  6620485118
9437886822  4807279352  0225017965  4534375727  4163910791
9729529508  1294292220  5347717304  1844779156  7399173841
8311710362  5243957161  5271466900  5814700002  6330104526
4354786590  3290733205  4683388720  7873544476  2647925297

6901709120  0787418373  6735087713  3769776834  9634425241
9949951388  3150748775  3743384945  8259765560  9965559543
1804092017  8497184685  4973706962  1208852437  7013853757
6814166327  2241263442  3982152941  6453780004  9250726276
5150789085  0712659970  3670872669  2764308377  2296859851

6912230503  7462744310  8529343052  7307886528  3977335246
0174635277  0320593817  9125396915  6210636376  2588293757
1373840754  4064689647  8310070458  0613446731  2715911946
0843593582  5987782835  2665311510  6504162329  5329047772
1740835593  4972375855  2138048305  0900096466  7608830154

0612824308  7406455944  3185341375  5220166305  8121110334
5312074508  6824339432  1590435944  3031243122  7471385842
0303901060  7094031523  5556172767  9941600203  9397509989
7629335325  8555756248  0899669182  9864222677  5023601932
5797472674  2578211119  7347094023  5745722227  1212526852

3842958742  7350156366  0093188045  4933389897  4157149054
4182559738  0808715652  8143010267  0460284316  8192303925
3529779576  5862414392  7015497408  7927313105  1636119137
5770089295  6482332364  8298263024  6079758757  6774537716
0102490804  6243018565  2416175665  5600160859  1215345562
```

6760219268 9982855377 8725831451 4408265458 3484409478
4631787773 7479465358 0169960779 4055687011 9232860804
1130904629 3508718271 2593466871 2766694873 8998245985
2778649956 9165464029 4589350649 6433580982 4765965165
1420909867 5520380830 9203230487 3427034682 8875160407

1546653834 6196112230 1375945157 9252696743 6425319273
9003603860 8236450762 6988274976 1872357547 6762889950
7521148048 5252795084 5033958570 8381304769 3788132112
3674281319 4879502280 6632017002 2460331989 6719706491
6374117585 4851878484 0120548446 7258885140 1562725019

8217190669 6081262778 5485964818 3696214107 2171421498
6361918774 7545096503 0895709947 0934337856 9816744658
2826791194 0611956037 8453978558 3924076127 6344105766
7510243075 5981455278 6167815949 6570625597 5507430652
1085301597 9080733437 3607943286 6757890533 4836695554

8680391343 3720156498 8342208933 9997164147 9746938696
9054800891 9306713805 7171505857 3071488156 4992071408
6758259602 8760564597 8242377024 2469805328 0566327870
4192676846 7116266879 4634869504 6450742021 9373945259
2626686135 5294062478 1361206202 6364981999 9949840514

3868285258 9563422643 2870766329 9304891723 4007254717
6418868535 1372332667 8779217383 4754148002 2803392997
3579361524 1275582956 9276837231 2347989894 4627433045
4566790062 0324205163 9628258844 3085438307 2014956721
0646053323 8537203143 2421126074 2448584509 4580494081

8209276391 4000854042 2023556260 2185643489 9414543995
0410980591 8179488826 2805206644 1086319001 6885681551
6922948620 3010738897 1810077092 9059048074 9092427141
0189335428 1842999598 8169660993 8369616443 8152887721
4085268088 7574882932 5873580990 5670755817 0179491619

0611400190 8553744882 7262009366 8560447559 6557476485
6740081773 8170330738 0305476973 6097865438 5938218722
0583902344 4435088674 9986650604 0645874346 0053318274
3629617786 2518081893 1443632512 0510709469 0813586440
5192295129 3245007883 3398788429 3393424351 2634336520

4385812912 8343452973 0865290978 3300671261 7981303167
9438553572 6296998740 3595704584 5223085639 0098913179
4759487521 2639707837 5944861139 4519602867 5121056163
8976008880 0927461158 6080020780 3341591451 7970730368
3519697776 6076373785 3330120241 2011204698 8609209339

0853657732 2239241244 9051532780 9509558664 5947763448
2269986074 8132973026 3097502881 2103517723 1244650953
4965369309 0018637764 0940943498 3731325132 1862080214
8099226855 0294845466 1814715557 4447096695 3017769043
4272031892 7706047177 8452793916 0472281534 3798035396

7986142437 0956683221 4914654380 1459382927 7393396032
7540480095 5223181666 7380357183 9327570771 4204672383
8624617803 9762923771 3120958078 9363841447 9298025880
6552212926 2093623930 6373134966 4018661951 0811583471
1733120258 0586672763 9992763579 0780638188 1306915636

6274125431 2595899361 1964762610 1405563503 3995231403
2311381965 6236327198 9618372548 4533370206 2563464223
9527669435 6837676136 8711962921 8187545760 8161705303
1590728828 7007123136 6630872275 4918661395 7737305460
6599743781 0987649802 4140112421 4277366808 2751390959

3134041558 2626678951 0846776118 6659576601 6599817808
9414985754 9762843878 5610026379 6543178313 6340251358
1416115190 2096499133 5487331311 1502270068 1930135929
5959716401 9719605362 5033558479 9809634887 1803911161
2813595968 5654788683 2585643789 6173159762 0024196215

5289629790 4819822199 4622694871 3746244472 9093456470
0285376949 5885959160 6789282491 0544125159 9630078136
8367490209 3749157328 9627002865 6829344431 3423473512
3929825916 6739503425 9958689706 9726733258 2735903121
2887466604 5146148785 0346142827 7659916080 9039865257

5717263081 8334944418 2019353338 5071292345 7743755793
4406217871 1330063106 0033240539 9169368260 3746176638
5657588775 8020122936 6353270267 1006812618 2517291460
8202541892 8859352444 9107013820 6211553827 7935652969
1457650204 8643282865 5579347072 0963480737 2692141186

8954673227 6775133569 0190153723 6690368653 8916129168
8887876407 5254934942 4973342718 1178892759 9315967193
5475898809 7924525262 3636590363 2007085444 0784544797
3482918020 8204492667 0634420437 5553250505 2752283377
8887040804 0335319234 0768563010 9347772125 6390886404

1310107381 7853338316 0381352808 2811904083 2564401842
0537467929 9262203769 8718018061 1226244909 0924264198
5820861751 1771137890 5160914038 1575003366 4241560952
1632819712 2335023167 4226005679 4128140621 7219641842
7057843289 5980288233 5059828208 1966662490 3585778994

0333152274 8177769528 4368163008 8531769694 7836905806
7106482808 3598046698 8410981351 5865490693 3319522394
3632879239 9053481098 7830274500 1720654336 9906611778
4554364687 7236318444 6476806914 2828004551 0746866453
9280539940 9108754939 1660957316 1971503316 6968309929

4663491427 9878084225 7220697148 8755806374 8030886299
5118473187 1247772919 1007022758 8893486939 4562895158
0296537215 0409603107 7612898312 6358996489 3410247036
0366450586 8728758905 1406841238 1242473863 8542790828
2733827973 3268855049 3587430316 0274749063 1295723497

4261122151 7417153133 6186224109 1386950068 8835898962
3492763173 1647834007 7460886655 5987333821 1382992877
6911495492 1841920877 7160606847 2874673681 8861675072
2101726110 3830671787 8566948129 4878504894 3063086169
9487987031 6051588410 8282351274 1535385133 6589533294

8629494495 0618685147 7910580469 6039069372 6626703865
1290520113 7810858616 1888869479 5760741358 5534585151
7680519733 3443349523 0120395770 7396237713 1603024288
7200537320 9982530089 7761897312 9817881944 6717311606
4723147624 8457551928 7327828251 2718244680 7824215216

4695678192 9409823892 6284943760 2488522790 0362021938
6696482215 6280936053 7317804086 3727268426 6964219299
4681921490 8701707533 3610947913 8180406328 7387593848
2695355830 7739576144 7997270003 4728801827 8528138950
3217986345 2161110666 0883931405 3226944905 4555278678

9441757920 2440021450 7801920998 0446138254 7805858048
4424164047 7503153605 4906591430 0781583724 3012313751
1562284015 8386442708 9071828481 6757527123 8467824595
3433444962 2010096071 0513706084 6180118754 3120725491
3349942476 1711563332 1408934609 1565615506 0031738421

8701570226 1031019166 0388706466 1438897736 3187809407
1152752817 4689576401 5810470169 6524755774 0891644568
6777171585 0058326994 3401677202 1567677240 6812836656
5264122982 4394651331 9735919970 9403275938 5026695574
7023181320 3243716420 5861410336 0652453693 9160050644

9530601612 6782264894 2437397166 7176612310 4897503188
5732165554 9883421218 0284691252 9086101485 5278152776
2562375045 6375769497 7343368460 1560772703 5509629049
3924870884 0628106794 3622418704 7470083688 4267102255
8302403599 8416459511 2248527263 3632645114 0173952480

```
8619463584  0783753556  8856223171  1552094722  3065437092
6067973510  0056554938  1224575483  7285457117  9739361575
6167641692  8958052572  9752233855  8611388322  1711073622
6581621884  2443178857  4887981090  2665379342  6664216990
9140565364  3224930133  4867988154  8866286650  5234699723

5574738424  8305904236  7714327879  2316422403  8777643301
9260019228  4778313837  6325361210  2533693581  2624086866
6997382759  7736568222  7907215832  4788886423  6934639616
4363308730  1398142114  3030600873  0666164803  6789840913
3592629340  2304324974  9268878316  4360268101  1309570716

1419128306  8657732353  2639653677  3903176613  6131596555
3584999398  6005651559  2193675997  7717933019  7446881483
7110320650  3693192894  5214026509  1546518430  9936553493
3371834252  9843367991  5939417466  2239003895  2767381333
0617747629  5749438687  1697845376  7219493506  5908757119

1772087547  7107189937  9608947745  1265475750  1871194870
7387367858  9020061737  3321075693  3022163206  2843206567
1192096950  5857611739  6163232621  7708945426  2146098584
1023781321  5817727602  2227381334  9541048100  3073275107
7999489919  7796388353  0734443457  5329759142  6376840544

2264784216  0631227696  4696715647  3999043715  9033239065
6072664411  6438605404  8388471619  1210900870  1019130726
0710441141  4324197679  6828547885  5247794764  8180295973
6049439700  4795960402  9274629920  3572099761  9501403483
1538094771  4601056333  4469988208  2212058728  1510729182

9712119178  7642488035  4672316916  5418522567  2923442918
7128163232  5969654135  4858957713  3208339911  2887759172
2611527337  9010341362  0856145779  9239877832  5083550730
1998184590  2595835598  9260553299  6737704917  2245493532
9683300002  2301815172  2657578752  4058832249  0858212800

8974790932  6100762578  7704286560  0699617621  2176845478
9964407050  6624171021  3327486796  2374302291  5535820078
0141165348  0656474882  3061500339  2068983794  7662550365
4982280532  9662862117  9306284301  7049240230  1985719978
9488368971  8304380518  2174419147  6604297524  3725168343

5411217038  6313794114  2209529588  5798060152  9387527537
9903093887  1683572095  7607152219  0027937929  2786303637
2687658226  8124199338  4808166021  6037221547  1014300737
7537792699  0695871212  8928801905  2031601285  8618254944
1335382078  4883465311  6326504076  4242839087  0121015194
```

2319616522 6842200371 1230464300 6734420647 4771802135
3070124098 8603533991 5266792387 1101706221 8658835737
8121093517 9775604425 6346949997 8725112544 0854522274
8109148743 0725986960 2040275941 1789425812 8188215995
2359658979 1811440776 5335432175 7595255536 1581280011

6384672031 9346507296 8079907939 6371496177 4312119402
0212975731 2516525376 8017359101 5573381537 7200195244
4543620071 8484756634 1540744232 8621060997 6132434875
4884743453 9665981338 7174660930 2053507027 1952983943
2714253711 5576660002 5784423031 0734295515 3394506048

6222764966 6876240793 2435319299 2639253731 0768921353
5257232108 0889819339 1686682789 4828117047 2624501948
4097009757 6092098372 4090074717 9733407881 4182519584
2598096241 7476101382 5264395513 5259311885 0456362641
8830033853 9652435997 4169313228 9471987830 8427600401

3680747039 0409723847 3945834896 1865397905 9411859931
0356168436 8692194853 8205578039 5773881360 6795499000
8512325944 2529724486 6667668346 4140218991 5944565309
4234406506 6785194841 7766779470 4720419588 2204329538
0326310537 4948831221 8039127967 8446100139 7267538921

9511911783 6587662528 0836900532 4900459741 0947068772
9123282143 0463533728 3519953648 2743258331 1914445901
7809607782 8835837301 1185754365 9958982724 5319253105
8811502630 7542571493 9430244539 3187017992 3608166611
3054262539 9583389794 2971602070 3387678150 3301028012

0095997252 2222808014 2357109476 0351925544 4349299867
6781789104 5559063015 9538097618 7592035893 7341978962
3589311259 8390259831 0267193304 1892151096 8915622506
9659119828 3234555030 5908173073 5195503721 6658702880
5399213857 6037035377 1051780212 8012956684 1984140362

8727256232 1442875430 2210909472 7210734741 3497551419
0737043318 2766261772 7599688882 6027225247 1336833534
5281669277 9591328861 3817663498 5772893690 0965749562
2871030243 6259077241 2219094300 8717556926 2575806570
9912016659 6224360802 4287002454 7362036394 8412559548

8172727247 3653467783 6472019183 0399871762 7037515724
6499222894 6793232269 3619177641 6146187956 1395669956
7783068290 3165896994 3076733350 8234990790 6241002025
0613405734 4300695745 4746821756 9044165154 0636584680
4636926212 7421107539 9042188716 1276177870 1425886482

```
5775223889  1845995233  7629237791  5585744549  4773612955
2595222657  8636462118  3775984737  0034797140  8206994145
5807190802  1359073226  9233100831  7595106590  1912129479
5408603640  7573587502  0589020870  4579670007  0552625058
1142066390  7459215273  3094068236  4944159089  1009220296

6805233252  6619891131  1842016291  6310768940  8472356436
6808182168  6572196882  6835840278  5500782804  0434537101
8365109695  1782335743  0305048526  5373807353  1074185917
7056103973  9506264035  5442275156  1011072617  7937063472
3804990666  9221619711  9425912044  5084641746  3835899382

3994651739  5509000859  4799901360  2667426149  4290066467
1150671754  2217703877  4507673563  7421547829  0591101261
9157555870  2389570014  0511782264  6989944917  9083017954
7587676016  8094100135  8376135785  9135692445  5647764464
1786671153  9195135769  6104864922  4900834467  1548638305

4477914330  0976804868  7834818467  2733758436  8927243104
4740680768  5278625585  1650920882  6381323362  3148733336
7147645204  5087662761  4950389949  5048095604  6098960432
9123358348  8599902945  2640028499  4280878624  0398118148
8476730121  6754161106  6299955536  6819312328  7425702063

7383520200  8686369131  1733469731  7412191536  3324674532
5630871347  3027921749  5622701468  7325867891  7345583799
6435135880  0959350877  5563562488  1049385299  9007675135
5135277924  1242927748  8565888566  5132473025  1471021057
5352516511  8148509027  5047684551  8252096331  8990685276

1443513821  3662152368  8905787866  9943228881  6028377482
0355060160  2989400911  9713850179  8716836337  4413927597
3644017007  0147637066  5570350433  8121113576  4150184518
2141361982  3495159601  0647527125  7593518530  4332875537
7830575095  6742544268  4712219618  7091785607  8393614451

1383335649  1032564057  3389866717  8123972237  5193164306
1701385953  9474367843  3926709867  1245221118  9690840236
3274114966  0124348309  8929941738  0305884171  6661307304
0067588380  4321115553  7944060549  7721705942  8215148861
6567277124  0903387727  7456290971  1013488518  4374118695

6554497457  3684521806  6982911045  0580042998  8795389902
7804383596  2824094218  6055628778  8428802127  5538848037
2864001944  1614257499  9042720095  9520465417  0598104989
9675045119  3647117277  2220436102  6140797508  0968697517
6600237187  7483480161  2031023468  0567112644  7661237476
```

```
2785219024 1202569943 5347162266 6089367521 9833111813
5111465038 5489502512 0655772636 1454736044 2685949807
4396932331 2971273771 5734709971 3952291182 6534851555
8713733662 9120242714 3025037632 6950135091 1612952993
7858646813 0722648600 8270881333 5381937036 8259886789

3321238327 0532976258 5738279009 7826460545 5985551318
3668884462 8265133798 4916678394 0976135376 6251798258
2496634587 7195012438 4040359140 8492097337 5464247448
8176184070 0235695801 7741017769 6925077814 8933866725
5789856458 9851056891 9609243988 4156928069 6983352240

2256345704 9731224526 9354193837 0048431833 5719651662
6721575524 1934019330 9901831930 9196582920 9696562476
6768365964 7019595754 7393455143 3741370876 1517323677
2042273856 7427917069 8204549953 0959188724 3493952409
4441678998 8463198455 0485239366 2972079777 4528143994

1825678945 7795712552 4268260899 4086331737 1538896262
8896294021 1210888442 7376568624 5276121303 7101730078
5135715404 5330415079 5944777614 3597437803 7424366469
7324713841 0492124314 1389035790 9241603640 6314038149
8314819052 5172093710 3964026808 9948325722 9795456404

2701757722 9041732347 9607361878 7889913318 3058430693
9482596131 8713816423 4672187308 4513387721 9086975104
9428437693 2502498165 6673816260 6159417682 5250999374
1672883951 7440669325 4965340310 1452225316 1890092353
7648637848 2881344209 8700480962 2717122640 7489571939

0029185733 0746010436 0729190945 7679946149 2929042798
1687729426 4877299528 5843464777 5386906950 1489841339
2454039414 4680263625 4021186143 1703125111 7577642829
9146445334 0892097696 1699098372 6523617687 4560589470
4968170136 9749095230 7208268288 7890730190 0182534258

0534342170 5928713931 7379931424 1085264739 0948284596
4180936141 3847583113 6130576108 4623668372 3769591349
2615824516 2215521348 7924414504 1756848064 1206365201
7038633012 9532777699 0231186480 2006755690 5682295016
3549319923 0591424639 6217025329 7475731140 9422018019

9368035026 4956369558 6642590676 2685687372 1103391567
9383989576 5565193177 8830002416 1353956243 7777840801
7488193730 9502069990 0890899328 0883974303 6773659552
4891300156 6332940779 0713961546 4534088791 5103006513
2193448667 3248275907 9468078798 1942501958 2622320395
```

1312520141 0996053126 0696555404 2486705499 8678692302
1746989009 5478507256 7297879476 9888831093 4874644264
0071818316 0331655511 5342761556 2240547447 3378049246
2149521332 5852769884 7336269182 6491743389 8782478927
8468918828 0546699823 0368993978 3413747587 0258057163

4941356843 3929396068 1920617733 3179173820 8562436433
6353598634 9449689078 1064019674 0744365836 6707158692
4521182997 8938040771 3750129085 8646578905 7714268335
8276897855 4717687184 4277261205 0926648610 2051535642
8406323684 8180728794 0717127966 8200607275 5955590404

0233178749 4473464547 6062818954 1512139162 9184442976
5106694796 9354016866 0100551960 7768733539 6511614930
9375709685 5455938151 3789569039 2510149532 6562814701
1998326992 2000663928 7537471313 5236421589 2651262040
7288771657 8358405219 6460541054 3544364216 6562244565

0429990102 5658692727 9142752931 1720827939 3775132610
6052881235 3734510683 7293989358 0871243869 3859343891
7571337630 0720319760 8166044646 8393772580 6909237297
5234867029 1691042636 9262090199 6052041210 2407764819
0316014085 8635584276 0953708655 8164273995 3493465463

1450404019 9528537252 0049578052 5465625115 4109252437
9913262627 1360909940 2902262062 8367521323 0506518393
4057450112 0993414649 1843332364 6569371725 9144893241
5900624202 0612885732 9261335968 0872650004 5628284557
5745965921 2053034131 0111827501 3069615098 3551563200

4310784601 9065654938 0654252522 9161991819 9596027523
2770224985 5738824899 8827074659 3635576858 2560518068
9642853768 5077201222 0347920993 9361792682 0659014216
5615925306 7379445689 4907085326 3568196831 8617722682
4991147261 5732035807 6462981162 4401331673 7892788689

2290325933 4986179702 1994981925 7396176730 7583441709
8559222170 1718257127 7753449150 8205278430 9046194608
3521740200 5838672849 7094110232 6695392144 5461066215
0064106747 4020700918 9911951376 4669044812 6725369153
7162290791 3854039375 6007783515 3374167747 9421003840

0230895185 0994548779 0393461222 2086506016 0500351776
2648316111 5332558770 5073541279 2499098593 7347378708
1194253055 1214369797 4991495186 0535920403 8302357163
5272763087 4693219622 1900642608 8618367610 3346002255
4774778136 4101269190 6569686495 0126883762 9690723396

1276287223 0411418136 1006026404 4030035996 9889199458
2739762411 4613744804 0596970625 7676472376 6065541618
5746905272 2923822827 5186799156 9833907476 7114610302
2776606020 0612468764 7772881909 6791613354 0198814027
5799217416 7678799231 6039635694 9285151363 3647219540

6111717673 8737255572 8522940054 3617851765 0230754469
3869307873 4991103521 8253292972 6044553210 7978877114
4989887091 1511237250 6042387537 3484125708 6064069052
0584521227 5453384800 8205302450 4565176695 1857691320
0042816758 0549248117 8051983264 6032445792 8297301291

0531838563 6821206215 5312886685 6495651261 3892261367
0640939533 3457052698 6959692350 3530942245 4386527867
7673027540 4027022463 8448355323 9914751363 4410440500
9233036127 1496081355 4905315390 2100229959 5756583705
3812619656 8314428605 7956696622 1547216956 2087001372

7768536960 8407048333 2513279311 2232507148 6302069512
4539500373 5723346807 0946564830 8920980153 4878705633
4910923660 5755405086 4111521441 4814346304 3727327104
5027768661 9531078583 2333485784 0297160925 2153260925
5893265560 0672124359 4642550659 9677177038 8445396181

6328796144 6081778927 2171836908 8801267782 0743010642
2524634807 4543004764 9288555340 9062185153 6543554741
2547615276 9772667769 7727770583 1580141218 5688011705
0283652755 4321480348 8004442979 9980621579 0456416195
7212784508 9284898064 2649742709 0579129069 2178072987

6947797511 2447305991 4060506299 4689428093 1034216416
6299356148 2813099887 0745292716 0484336308 1840412646
9637925843 0941854422 1635908457 6146078558 5624738149
3142707826 6215185541 6038702068 7698046174 7400808324
3436653823 5455510944 9498431093 4947599446 7267366535

2517662706 7721941831 9197719637 8015702169 9336750837
6005716345 4643671776 7233875886 4340564487 1566964321
0412825956 4534984138 8412890420 6820470076 1559691684
3038999348 3667935425 4921032811 3363184722 5923055543
8305820694 1675629992 0133731754 8912203723 0349072681

0685344540 3599356182 3576312837 7676406310 1312533521
2141994611 8693508331 7658785204 7112364331 2267651299
6417132521 7513553261 8676819423 3879036546 8908001827
1352835848 8844411176 1234101179 9187092365 0718485785
6221021104 0097769944 5312179502 2479578069 5065329659

```
4038398736 9907240797 6790408267 9400761872 9547835963
4927939045 7697366164 3405359792 2192858705 7495748169
6694062334 2726197335 1813662606 3735982575 5524965098
0726012366 8283605928 3418558480 2695841377 2558970883
7899429105 4980033111 3884603401 9391661221 8669605849

1571485733 5682861495 0001909759 1125218800 3964197621
6355937574 3718011480 5594422987 3041819680 8085647265
7135476128 3162920044 9880315402 1055305970 7666636274
9328308916 8809323592 9008178741 1985738317 1926167288
3491840242 9721290434 9655269427 2640255964 1463525914

3484006758 6769035038 2320572934 1329815935 3304444649
6829441367 3234421583 8076169483 1219333119 8190610961
4295220153 6170298575 1055943264 6146850545 2684975764
8078080092 2133581137 8197749271 7685450755 3832876887
4474591593 7311624706 0109124460 9829424841 2875202244

6259447763 8749491997 8404468292 5736096853 4549843266
5368628444 8936570411 1817793806 4416165312 2360021491
8768769467 3984075171 7630751684 9856359201 4868929431
0594020245 7969622924 5666448819 6757629434 9535326382
1716133957 5779076637 0764569570 2597388004 3841580589

4336137106 5518599876 0075492418 7211714889 2952217377
2114608115 4344982665 4798725800 5667472405 1122007383
4592715757 2771521858 9946948117 9406444663 9943237004
4291140747 2181802248 2583773601 7346685300 7449855647
1542003612 3593397312 9144585915 2288740871 9508708632

2188372882 6282288463 1843717261 9033057771 4765156414
3822306791 8473860391 4768310814 1358275755 8536435977
2165002827 7803713422 8696887873 4979509603 1108899196
1433866640 6845069742 0787700280 5093672033 8723262963
7856038653 2164323488 1555755701 8469089074 6478791224

3637555666 8678067610 5449550172 6079114293 0831285761
2544819444 4947324481 9093795369 0082063846 3167822506
4809531810 4065702543 2760438570 3505922818 9198780658
6541218429 9217273720 9551032422 5107971807 7833042609
0867942734 2895573555 9252723805 5114404380 0123904168

7716445180 2264916816 4192740110 6451622431 1017000566
9112173318 9423400547 9596846698 0429801736 2570406733
2821299621 5368488140 4102194463 4246462207 4557564396
0452985313 0714090846 0849965376 7803793201 8991408658
1466217531 9337665970 1143306086 2500982956 6917638846
```

0567629729 3146491149 3704624469 3519840395 3444913514
1193667933 3019366176 6365255514 9174982307 9870722808
6085962611 2660504289 2969665356 5251668888 5572112276
8027727437 0891738963 9772257564 8905334010 3885593112
5679991516 5890250164 8696142720 7005916056 1661597024

5198905183 2969278935 5503039346 8121976158 2183980483
9605625230 9146263844 7386296039 8489243861 8729850777
5928792722 0685548072 1049781765 3286210187 4767668972
4884113956 0349480376 7270363169 2100735083 4073865261
6845074824 9644859742 8134936480 3724261167 0426687083

1925040997 6153190768 5577032742 1785010006 4419841242
0739640013 9603601583 8105659284 1368457411 9102736420
2741637234 8821452410 1347716529 6031284086 5841978795
1116511529 8278146203 7913985500 6399960326 5912485253
0849369031 3130100799 9771913622 3086601109 9929142871

2493885416 1203802041 1340188887 2196934779 0449752745
4288072803 5093058287 5442075513 4816660927 8793535665
2125562013 9988249628 4787262144 3236285367 6502591450
4683776352 8258765213 9156480972 1419296755 4938437558
2600253168 5363567313 7926247587 8049445944 1834291727

5698837622 6261846365 4527434976 6241113845 1305481449
8363117897 8448973207 6719508784 1586188796 9295581973
3250699951 4026015116 7552975057 5437810242 2389579257
8656212843 2731202200 7167305740 6928686936 3930186765
9582513264 9914595026 0917069347 5194089753 5746401683

0811798846 4524736189 5605647942 6358070562 5632811892
6966302647 9535951097 1276591362 3318086692 1535788607
8127599105 3717140220 4506186075 3748663063 5059148391
6467656723 2057145168 8617079098 4695932236 7249467375
8309960704 2589220481 5507991327 5208858378 1117685214

2693347869 2189524062 2657921043 6203488529 2626798401
3953216458 7911515790 5046057971 0838983371 8640380244
1751134722 6472547010 7947939969 5355466961 9726763255
2299146549 3349966323 4185951450 3609803440 9221220671
2567698723 4279407088 5707047429 3173329188 5238967219

7135392449 2426178641 1886377909 6281448691 7869468177
5917171506 6911148002 0759432012 0619696377 9510322708
9029566085 5622254526 0261046073 6131368869 0092817210
6819861855 3780982018 4711541636 3032626569 9283424155
0236009780 4641710852 5537612728 9053350455 0613568414

```
3775854429  6779770146  6029438768  7225115363  8011917581
5402812081  8255606485  4107879335  9892106442  7244898618
9616294134  1800129513  0683638609  2941000831  3667337215
3008352696  2357371753  3073865333  8204842190  3081864491
8409372394  4033405244  9095545580  1640646076  1581010301

7674884750  1766190869  2946098769  2016912021  8168829104
0870709560  9514704169  2114702741  3390052253  3408348128
7035303102  3919699978  5974139085  9360543359  9697075604
4601342424  5368249609  8772581311  0247327985  6207212657
2499003468  2938868723  0489556225  3204463602  6398542252

5841646432  4271611419  8178024825  9556354490  7219226583
8636626637  5083594431  4877635156  1457107455  2801615967
7048442714  1944351832  7569840755  2677926411  2617652506
1596523545  7187956673  1709133193  5876162825  5920783080
1852068901  5150471334  0386100310  0559148178  5211038475

4542933389  1884441205  1794396997  0194112695  1195265649
1959418997  5418393234  6474242907  0271887522  3534393673
6336632003  0723274703  7407123982  5620246626  5197409019
9762452056  1985576257  6000870817  3083288344  3818310700
5451449354  5885422678  5785519153  7229237955  5494333410

1744201696  0009069641  5612732297  7702212179  5186837635
9082255128  8164700219  9234886404  3959153018  4640047143
2118636062  2527011541  1222838027  7853891109  8490201342
7410141215  5976996543  8877197485  3764311582  2983853312
3071751132  9619045590  0793806427  6695819014  8426279912

2179294798  7348901868  4716765038  2732855205  9082984529
8062592503  5212845192  5927986593  5061329619  4679625237
3972565584  1578537445  6755899803  2405492186  9628884903
3256085145  5344391660  2262577755  1291620077  2796852629
3879375304  5418108072  9285891989  7153817973  4349618723

2927614747  8501926114  5041327487  3242970583  4084711123
3374627461  7274626582  4153242710  5932250625  5302314738
7592517247  8732288149  1455915605  0363345754  2423377916
0374952502  4930223514  8196138116  2563911415  6103268449
5807250827  3431765944  0540982697  6526934457  9863479709

7431244982  7193311386  3873159636  3612186234  9726140955
6079920628  3169994200  7205481152  5353393946  0768500199
0988655386  1433495781  6500899616  4907967814  2901148387
6456821749  1407562376  7618453775  1440314754  1120676016
0726460556  8592577993  2207033733  3398916369  5043466906
```

9482843662 9980037414 5276277165 4762382554 6170883189
8108688068 4785370553 6480469350 9588180253 6052974079
3538676511 1950793732 8208314626 8960071075 1755206144
3378411454 9950136432 4463281933 4638905093 6545714506
9008644834 4018042836 3390513578 1572739733 3453728426

3372174065 7757710798 3051755572 1036795976 9018899584
9413019599 9573017901 2401939086 8135658553 9661941371
7944876320 7986880037 1607303220 5474235722 6689680188
2123424391 8859841689 7227765219 4032493227 3147936692
3400484897 6059037958 0946960417 5427961378 2553781223

9476461478 3292697654 5162290281 7011004378 4603875654
4151739433 9600489153 1881757665 0500951697 4024156447
7129365661 4253949368 8842305174 0012992055 6854289853
8979426699 5677702708 9146513736 8922061044 1548166215
6804219838 4767308717 8759027920 9175900695 2734566820

2651337311 1518000181 4341209626 0165862982 1076663523
3617740078 3778342370 9152644063 0540718078 4335806107
2961105550 0204151316 9637304684 9213356837 2654003075
0982908936 4612047891 1147530370 4989395283 3457824082
8173864413 2271000296 8311940203 3234564208 2647327623

3830294639 3789983758 3655455991 9340866235 0909679611
3400486702 7123176526 6637107787 2511186035 4037554487
4186935197 3365662177 2359229396 7764632515 6202348757
0113795712 0962377234 3137021203 1004965152 1119760131
7641940820 3437348512 8526029133 3491512508 3119802850

1778557107 2537314913 9215709105 1309650598 8599993156
0863655477 4035518981 6673353588 0048214665 0997414337
6118277772 3351910741 2175728415 9258087259 1315074606
0256349037 7726337391 4461377038 0213183474 4730111303
2670296917 3350477016 3210661622 7830027269 2833655840

1179141944 7808748253 3607144032 9625228577 5009808599
6090409363 1263562132 8162071453 4061042241 1208301000
8587264252 1122624801 4264751942 6184325853 3867538740
5474349107 2710049754 2811594660 1713612259 0440158991
6002298278 0179603519 4080046513 5347526987 7760952783

9984368086 9089891978 3969353217 9980139135 4425527179
1022539701 0810632143 0485113782 9149851138 1969143043
4975001899 8068164441 2123273328 3071928243 6240673319
6554692677 8511931527 7511344646 8905504248 1133614349
8460484905 1258345683 2664415284 8971397237 6040328212

```
6602535166  9391408204  9947320486  0216277597  9177123475
1097502403  0789357599  3771509502  1751693555  8270725339
1189233407  0223832077  5858021371  7477837877  8391015234
1320984894  2345961369  2340497998  2793041444  6316270721
4796117456  9757196812  3929191374  0982925805  5619552074

3424329598  2898980529  2333664154  1925636738  0689494201
4712413405  2507220406  1794355252  5552250087  4879008656
8314542835  1677505422  9480327478  3044056438  5815919526
6675828292  9705226127  6287110401  3480178722  4801789684
0524079243  6058274246  7443076721  6452703134  5135416764

9668901274  7868010102  9513386269  8649748212  1186290403
3769156857  6240699296  3724930972  0162870720  0189835423
6903641492  7023696193  8547372480  3298550451  1208919287
9829874467  8641291594  1753167560  2533435310  6267452545
0711418148  3239880607  2971402347  2552071349  0798398982

3552687239  5090936566  7878992383  7125789762  4875599044
3228895388  3773173489  4112275707  1410959790  0479193010
4674075041  1435381782  4646307959  8955563899  1884773781
3413470702  4674736211  2048986226  9918885174  5625173251
9341352038  1158633501  2391305444  1910073628  4475675141

6105041097  3505852762  0444891909  7890198431  5485280533
9857778443  1393388399  4310444465  6692445508  8594631408
1751220331  3906815965  9251054685  8013133838  1521764182
1043342978  8826119630  4431113887  9625874609  0226130900
8499754303  9577124323  0616906262  9194039214  3974027089

4777663702  4881554993  2245882597  9020631257  4369109463
9325280624  1642476868  4954553249  3801763937  1615636847
8598237159  0238542126  5840615367  2286071317  0267474013
1145261063  7653833903  1592194346  9817605358  3803106128
8785205154  6933639241  0884676320  0956708971  8367490578

1630851581  3816196688  2222047570  4375906143  3804072585
3862083565  1769984267  7452319582  4182683698  2701602374
1493836349  6629351576  8540613973  4274647089  9685618170
1605511048  8097155485  9118617189  6680259735  4170542398
5135560018  7203350790  6094642127  1143993196  0465274240

5088222535  9773481519  1354385712  5325854049  3946010865
7937980586  2014336607  8825219717  8090258173  7087091646
0452727977  1535099103  4073642502  0386386718  2205228796
9445838765  2947951048  6607173902  2932745542  6785669776
8659399234  1683412227  4663015062  1553205026  5534146099
```

5249356050 8549217565 4913483095 8906536175 6938176374
7364418337 8974229700 7035452066 6317092960 7591989627
7324230902 5239744386 1014263098 6877339138 8251868431
6501027964 9114977375 8288891345 0341148865 9486702154
9210108432 8080783428 0894172980 0898329753 6940644969

9031253998 6391958160 1468995220 8806622854 0841486427
4786281975 5466292788 1462160717 1381880180 8405720847
1586890683 6919393381 8642784545 3795671927 2397972364
6516675920 1105799566 3962598535 5127635587 6814021340
9829016296 8734298507 9247184605 6874828331 3812591619

6247615690 2875901072 7331032991 4062386460 8333378638
2579263023 9159000355 7609032477 2813388873 3917809696
6601469615 0317542267 5112599331 5529674213 3363002229
6490648093 4582008181 0618021002 2766458040 0278213336
7585730190 1137175467 2763059044 3531313190 3609248909

7246427928 4555499134 9000518029 5707082919 0525567818
8991389962 5138662319 3800536113 4622429461 0248954072
4048571232 5662888893 1722116432 9478161905 5486805494
3441034090 6807160880 2822795968 6950133643 8142682521
7047287086 3010137301 1552368614 1690837567 5747637239

7631857570 3810944339 0564564468 5241830281 4810799837
6918512127 2019350440 4180460472 1626939445 7883770901
0597469321 9720558114 0787759897 7207200968 9382249303
2368305158 6265728111 4637996983 1375179376 2321511125
2349734305 2406221052 4423435373 2905655163 4066695061

6589287821 8707756794 1760807129 7378133518 7117931650
0331555238 2248773065 3444179453 4153952024 2444970341
0120874072 1881093882 6816751204 2299404948 1794494727
3289477011 1574139441 2284555218 2842492224 0658752689
1722727806 0711675404 6973008037 0396187877 9669488255

5614674384 3925701158 2954666135 8678671897 6612973112
6720007297 1553613027 5035561678 1776544228 7442114729
8816148027 0524380681 7653573275 5786025058 4708401320
8837932816 0087690813 0049249147 3682517035 3822196190
3901499952 3495387105 9973511434 7829233949 9187936608

6923013755 9636853237 3806703591 1442432685 6151210940
4259582639 3016780171 2866923928 3231057658 8517140202
1119695706 4799814031 5056330451 4156441462 3163763809
9044028162 5691757648 9142569714 1635984393 1743327023
7812336938 0430128926 2637538266 7795034169 3343236075

```
0024817574  1808750388  4750949394  5489620974  0485442635
6371649959  4992098088  4294790363  6662975260  0324385635
2945844728  9445471662  0929749549  6616877414  1208821304
7702281611  6456044007  2363515811  4972973921  8966737382
6472047226  4222124201  6560150284  9713063327  9581430251

6013694825  5670147809  3579088965  7134926158  1613469018
0696508955  6310121218  4918058479  2272069187  1696316330
0448580201  0286065785  8591269974  6376617414  6393415956
9539554203  3146280265  1895116793  8074573315  7598460861
7370268786  7602943677  7805002446  7339133243  1669880354

0732323882  8184750105  1641331189  5370364884  2269027047
8052742490  6034920829  5475505400  3457160184  0725745369
3814553117  5354210726  5578356154  9987444748  0427323457
8800618731  4934156604  6352979779  4550753593  0479568720
9316724536  5472083816  8585560604  3801977030  7642460834

8987610134  5709394877  0029461757  9206195254  9255757109
0385251714  8852526567  1045349813  4198033906  4152987634
3695420256  0802776144  2191431892  1393908834  5431317696
8510184010  3844472348  9488695209  8194353190  6506555354
6173358140  4554483788  4752526253  9496658699  9205841765

2780125341  0338964698  1864243003  4146791380  6190280596
0785488801  0789705516  9462152287  7309010446  7462497979
9926271209  5168477956  8482583341  4022664772  1084336243
7593741610  5367340419  5473896419  7895425335  0363018614
0095153476  6961476255  6518738232  9246854735  6935802896

0115367917  8730355315  9378363082  2486151777  7054157757
6561759358  5120166929  4311113886  3582159667  6188303261
0416465171  4846979385  4226216871  6140012237  8213779774
1312689772  6671299202  5922017408  7700769562  8347393220
1088159356  2862819285  6357189338  4958850603  8531581797

6067947984  0878360975  9601497334  2057270460  3521790605
6476032855  6927627349  5182203236  1441125841  8242624771
2012035776  3888959743  1823282787  1314608053  5335744942
9762179678  9034568169  8895535185  0447832561  6380709476
9516990862  4710001974  8809205009  5219436323  7871976487

0339223811  5403634754  8862684595  6159755193  7654101150
1406700122  6927474393  8885899438  5973024541  4801061235
9080362745  8528849356  3251585384  3832424932  5266608758
8908318700  7091002373  7710657698  5056433928  8543376583
4259675065  3715005333  5144899082  9388773735  2051459333
```

0496265314 1514138612 4437935885 0709446880 4548697535
8170212908 4907873478 0681436632 3322819415 8273456713
5644317153 7967818058 1958524648 4008403290 9981943781
7181773023 1700398973 3050495387 3561162610 2399943325
9780126893 4326055847 1027876490 1070923443 8846340117

3555686590 3585244919 3701810416 2620850429 9258697435
8170981338 9404593447 1937493877 6242324098 5283276226
6604942385 1297094532 4558625210 3600829286 6497241749
1914198896 6129558076 7709795947 9530601311 9159011773
9431042090 4907942444 8868513086 8444937059 0902600612

0649425744 7103535476 5785924270 8130410618 5462198818
3009063458 8187038755 8562749115 8737542106 4667951346
4875867715 4383801852 1348281915 8124625993 3516019893
5595167968 9328522058 2479942103 4512715877 1633452229
9541883968 0448835529 7533612868 3722593539 0079201666

9413390911 6875880398 8828869216 0023732573 6158820716
3516271332 8105181876 0210485218 0675526648 6739089009
0719513805 8626735124 3122156916 3790227732 8705410842
0378415256 8328871804 6987952513 0732663402 7851905941
7338920358 5403956770 3561132935 4482585628 2876106106

9822972142 0961993509 3313121711 8789107876 6872044548
8760894101 7479864713 7882462153 9559333332 7556200943
9580434537 9197822805 9039595992 7436913793 7786649409
6404877784 1748336432 6840262829 3240626008 1908081804
3909145563 5193685606 3045089142 2896452199 8779884934

7477729132 7972660276 5840166789 0136490508 7411421268
6196986204 4126965282 9810870454 7986155954 5338021201
1556469799 7678573892 0186243599 3267776894 5406050821
8838227909 8336271671 2449002676 1178498264 3770330020
8184459000 9717235204 3319947082 4209877151 4449751017

0556430295 4282181967 0009202515 6158441742 0593365814
8134902693 1115170938 7226002645 8630561325 6057925609
2733226557 9346280805 6834439213 7368840565 0434307396
5740610177 7937014142 4615493070 7413608054 4210029560
0095663588 9778992676 3051771878 1943706761 4982175641

8659011616 0865408635 3915130392 0131680576 9034172596
4536923508 0641744656 2351523929 0504094799 5318407486
2151210561 8338545661 7665260639 3713658802 5216662235
7613220194 1701372664 9660732520 1077194793 1265282763
3024138051 6490717456 5964853748 3546691945 2358031530

1969160480 9946068149 0403781982 9732360930 0871357607
9862142542 2096419004 3679054790 4993007837 2421581954
5354183711 2936865843 0553842717 6280352791 2882112930
8351575656 5999447417 8843838156 5148434229 8587042455
9243469329 5232821803 5083337262 8379183021 6591836181

5542171574 4846577842 0134329982 5945668845 5826617197
9012180849 4803324487 8725818377 4805522268 1510113717
4536841787 0280274452 4429054745 1823467491 9564188551
2444213377 8352142386 5979925988 2032870851 0933838682
9906571994 6149062902 5742768603 8850511032 6385445404

1918495886 6538545040 5713236296 8106914681 4847869659
1668618427 5679846004 1868762298 0555629630 4595322792
3051616721 5919686758 4952363529 8935788507 7460815373
2145464298 4792310511 6763577494 9462295256 9497660359
4739624309 9534331040 4994209677 8838270027 1447849406

9037073249 1064441516 9605325656 0586778757 4174721108
2743577431 5194060757 9835636291 4332639781 2218946287
4477981198 0722564671 4664054850 1310096567 8631488009
0303749338 8753641831 6513498254 6694673316 1181233648
5439764932 5026179549 3572043054 0218297487 1251107404

0116114058 9991109306 2492312813 1163405492 6257135672
1818628932 7861388337 1802853505 6503591952 7414008695
1092616754 1476792668 0321092374 6708721360 6278332922
3864136195 9412133927 8036118276 3241060047 4097111104
8140003623 3427145144 8333464167 5466354699 7314947566

4342365949 3496845884 5515241507 5637660508 6632827424
7941360628 7604129064 4913828519 4564026431 5322585862
4043141838 6695906332 4506300039 2213192647 6259626915
1090445769 5301444054 6180378575 0303668621 2462278639
7527466678 7012100339 2984873375 0144756003 2210062235

8029343774 9550320370 1273846816 3061026570 3008722754
6296679688 0890587127 6763610662 2572235222 9739206443
0935243272 2810085997 3095132528 6306011054 9791564479
1845004618 0467624089 2892568091 2930592960 6423570210
6152464620 5023248966 5939873249 3396737695 2023991760

8984745718 4353193664 6529125848 0644801965 2016283879
5189499336 7592414856 2613699594 5307287254 5324632915
2911012876 3770605570 6095313775 2775186792 3292134955
2451330898 6796916512 9073841302 1675732386 3757582008
0363575728 0027544903 2795307990 0799442541 1087256931

8801466793 5595834676 4328688769 6661009739 5749967836
5933978463 4695994895 0610490383 6474095046 9522606385
8046758073 0699122904 7408987916 6872117147 5276447116
0440195271 8169508289 7335371485 3092893704 6384420893
2997711258 5684084660 8339934045 6890267875 1600877546

1267988015 4658565220 6121095349 0796707365 5397025761
9943137663 9960606061 1064069593 3082817187 6426043573
4253617569 4378484849 5250108266 4883951597 0049059838
0812105221 1110919433 2395113605 1446459834 2107990580
8209371646 4523127704 0231600721 3854372346 1267260997

8703856570 9199850759 5634613248 4601884098 5019428768
7902268734 5565005191 2154654406 3829253851 2763176639
2205093834 5204300773 0170299403 6261543400 1322763910
9129883278 6392041230 0445551684 0548898090 8077917463
6092439334 9126411642 4009388074 6356607262 3366958427

6458369826 8734815881 9610585718 3576746200 9650526065
9292635482 9149904576 8307210893 2458570737 0166071739
8194485028 8426039636 6074603118 4786225831 0565808708
7030556759 5861341700 7454029656 8763477417 6431051751
0367328692 4555858208 2372038601 7817394051 7513043799

4868822320 0443780431 0317092103 4261674998 0000730160
9481458637 4488778522 2730763304 9538394434 5382770608
7607635420 9844500830 6247630253 5727810327 8346176697
0544287155 3153400164 9707665719 5985041748 1990872014
9087568603 7783591994 7193433527 7294728553 7925787684

8323011018 5936580071 7291186967 6176550537 7503029303
3830706448 9128114120 2550615089 6411007623 8245744886
5518258105 8140345320 1247547232 6908754750 7078577659
7325428444 5935304499 2070014538 7489482265 5644222369
6365544194 2254413382 1222547749 7535494624 8276805333

3698328415 6138692363 4433585538 6847111143 0498248398
9918031654 5863828935 3799130535 2228334301 3795337295
4016257623 2280811384 9949187614 4141322933 7671065634
9252881452 8239506209 0223578766 8465011666 0097382753
6604054469 4165342223 9052108314 5858470355 2935221992

8272760574 8212660652 9138553034 5549744551 4703449394
8686342945 9658431024 1907859236 8022456076 3936784166
2705185551 7870290407 3557304620 6396924533 0779578224
5949710420 1880430001 8388142900 8173039450 5073427870
1312446686 0092778581 8110409115 1172937487 3627887874

9074652855 6543474888 6831064110 0510230208 7510776891
8781525622 7352515503 7953244485 7787277617 0019648537
0355516765 5209119339 3437628662 8461984402 6295252183
6785223674 7510880978 1507098978 4130862458 8152266096
3551401874 4958369269 1779904712 0726494905 7372642860

0521140358 1231076006 6995185361 2486274675 6375896225
2991164960 6687650826 1734178484 7893372950 5673900787
8617925351 4406210453 6625064046 3728815698 2323175005
9626108092 1955211150 8593029556 5496753886 2612972339
9146283584 7604862762 7027309739 2020014322 4870758233

7354915246 0856082103 2888297418 3906478869 9232736913
6004883743 6615223517 0584377055 4521081551 3361262142
9118156153 0175888257 3594892507 1088792621 2864139244
3309383797 3338678061 3179523731 5266773820 8580247014
3352700924 3803266951 7421195076 7088432634 6442749127

5589077468 6358216216 6042741315 1702124585 8605623363
1493164646 9139465624 9747174195 8354218607 7487110573
3845843368 9939645913 7406033821 5935224359 4751626239
1886853078 2282176398 3237306180 2042465604 7752794310
4796189724 2995330297 9249748168 4052893791 0449470045

9086499187 2727345413 5081019838 8186467360 9392571930
5119686456 0185578245 0218231065 8894379865 2243205067
7379966196 9554724405 8592241795 3006820451 7953700434
7245176289 3566770508 4902131077 3662575169 7335527462
3029430312 0359626095 3423574397 2496592110 1065781782

6108745318 8748031874 3082357369 9195156340 9571627009
9244492974 9105489851 5196586647 4014822510 6335367949
7371425102 2934188258 5117371994 4991150975 8374613010
5505064197 7215319293 5487537119 1630262030 3285886585
2848019350 9225875775 5974252765 8401172134 2323648084

0271433563 6754204637 5182552524 9443296570 4386138786
5901965738 8028684018 9408767281 6714137033 6617326501
2057865391 5780703088 7142615190 7500149257 6112927675
1930967284 5397116021 3606303090 5422439663 2067432358
2797889332 3244057791 9927848463 3339777737 6559018705

7480682867 8347965624 1461028995 0848739969 2970750432
7530299728 7229732793 4442988646 4127253481 6060377970
7298299173 0292963086 9580199631 2413304939 3504933254
1235507105 4461182591 1411164545 3471032988 1047844067
7801380771 3146540009 9386306481 2666143308 5820681139

5838319169 5455582594 2689576984 1428893743 4670841079
4631893253 9106963955 7807060212 4597489829 3564613560
7889834724 1997947856 4362042094 6134123876 1319886535
2358312996 8622689486 0840845665 5606876954 5012744866
3140505473 5351746873 0098063227 8046891224 6821460806

7276277084 0240226615 5485024008 9528916571 1761743902
0337584877 8429112896 2324705919 1874691042 0058483261
4067733375 1027195653 9946971625 1724831223 0633919328
7079838007 4848572651 6123434933 2733566644 7335855643
0235280883 9243482787 6088616494 3289399166 3992104883

0784777704 8045728491 4563033532 6507002958 8906265915
4985094079 7276756712 9795010098 2294762289 6189159144
1520032283 8787734851 3097908101 9129267227 1037788980
5396415636 2364169154 9857684083 9846886168 4375407065
1210390625 0612810766 3799047908 8796747780 6973847317

0475253442 1563903872 0123880632 3688037017 9493089549
0077633152 3063548374 2568166533 6160664198 0030188287
1237674818 9833024683 6371488309 2592833759 0227894258
8060087286 0388591688 4973069394 8020511221 7663591382
5152427867 0094406942 3551202015 6837777885 1824670025

6517085092 4962374772 6813694284 3500629388 1442998790
5301056217 3754591826 7997321773 5029368928 0652100253
9626880749 8092643458 0116557158 8670044350 3976505323
4782873273 6884086354 0002740676 7838219635 2222653929
0939807367 3913640828 9872201777 6747168118 1958561337

2158311905 4682936083 2369761134 5028175783 0202934845
9829250008 9568263027 1263295866 2921476531 4223335179
3093387951 3570953463 7718368409 2444422096 3193312956
2030557551 7340067973 7406141621 0792363342 3805646850
0920371671 5264255637 1853889571 4164197723 8742261059

6667396997 1731681694 1543509528 3193556417 7056686222
1521799115 1355639707 1433128936 5755384464 8326201206
4243380169 5586269856 1022460646 0693307938 4785881436
7407000599 7697036490 1927332882 6135329363 1124036506
9865216063 8987250267 2380874033 9674439783 0258296894

2568967418 6433613497 9475245526 2914265228 4241924308
3388103580 0537870239 9954217211 3686550275 3413622116
9314069466 9513186928 1025747959 8560514500 5021715913
3177516099 5786555198 1886193211 2821107094 4228724044
2481153406 0558959583 5581523201 2184605820 5635926993

```
0347885113  2068626627  5887714460  3599665610  8430725696
5005630644  8918759946  6596772847  1715395736  1210818084
1547273142  6617489331  3417463266  2354222072  6001460127
0120693463  9520564445  5432916629  8666078308  9068118790
0908152950  6362678207  5614388815  7813511346  9536630387

8412092346  9428687308  3932043233  3872775496  8052103028
2154432472  3388845215  3437272501  2858974769  1460808314
4041258681  8154004918  7772287869  8018534545  3700652665
5649170915  4295227567  0922221747  4112062720  6566229898
0603289167  2068743654  9482461086  9736722554  7404812889

2424718543  2360575341  1672850757  5520571311  5669795458
4887398742  2281358879  8584078313  5060548290  5514827852
9489112190  5383195624  2287194847  5940785939  8047901094
1940706717  6443903273  0712135887  3850499936  3883820550
1683402777  4960702768  4488028191  2220636888  6368110435

6952930065  2195528261  5269912716  3727738841  8993287130
5634646882  2739828876  3198645709  8363089177  8648708667
6185485680  0476725526  7541474285  1028145807  4031529921
9781455775  6843681110  1853174981  6701642664  7884090262
6828244482  5802753209  4549915104  5185177165  4631180490

4567985713  2575281179  1365627815  8111288816  5622858760
3087597496  3849435275  6766121689  5926148503  0785362045
2745077529  5063101248  0341804584  0594329260  7985443562
0093708091  8215239203  7179067812  1992280496  0697382387
4331262673  0306795943  9609549571  8957721791  5597300588

6936468455  7667609245  0906088202  2122357192  5453671519
1834872587  4239194108  9044411595  9932760044  5065562064
6116465566  5487594247  3692523369  5599303035  5095817626
1762318495  6190649483  9673002037  7638743693  4399982943
0209147073  6189479326  9276244518  6560239559  0537051289

7816345542  3320114975  9948962784  2432748378  8032701418
6769526211  8097500640  5149755889  6502930048  6760520801
0491537885  4139094245  3169171998  7628941277  2211294645
6829486028  1493181560  2496778879  4981377721  6229359437
8110044480  6079767242  9276249510  7841534464  2915084276

4520002042  7694706980  4177583220  9097020291  6573472515
8290463091  0359037842  9775726517  2087724474  0952267166
3060054697  1638794317  1196873484  6887381866  5675127929
8575016363  4113146275  3049901913  5646823804  3299706957
7015078933  7728658035  7127909137  6742080565  5493624646
```

MIX
Papier aus verantwortungsvollen Quellen
Paper from responsible sources
FSC® C105338
FSC
www.fsc.org